# 矿物宝石大图鉴

（日）松原聪◇著　　张思维◇译

煤炭工业出版社

·北 京·

# 第1章 作为宝石的矿物

*Gemstone*

# 第2章　成为金属原料的矿物

*Metallic material*

## 第5章　色泽奇异的矿物　　　　*Mysterious color and light*

# 专栏

# 什么是矿物？

## 能够形成矿物的场所

　　矿物是指存在于地球以及太阳系行星等处的晶质无机化合物，并拥有一定的化学成分。覆盖在地球表面的地壳主要由火成岩、变质岩、沉积岩三种岩石构成，矿物则是构成这些岩石的最小单位。

　　岩石由各种各样的元素组成，构成地壳的岩石中氧、硅、铝、铁、钙等十种元素大约占99%，由这些元素构成的主要矿物称之为造岩矿物。

　　火成岩是由地壳深处的岩浆上升喷出地表后冷却凝固形成的；变质岩是由构成岩石的矿物在地下深处的高温高压环境下，经过化学反应后，种类和组织结构发生变化形成的。这两种岩石有时会因地壳运动出现在地表上。另外火成岩和变质岩受到风、雨、气温变化、河流、海浪等的风化作用及侵蚀作用后变成砂砾，这些砂砾沉积到海里、湖泊或沼泽中，日积月累固化后形成沉积岩。

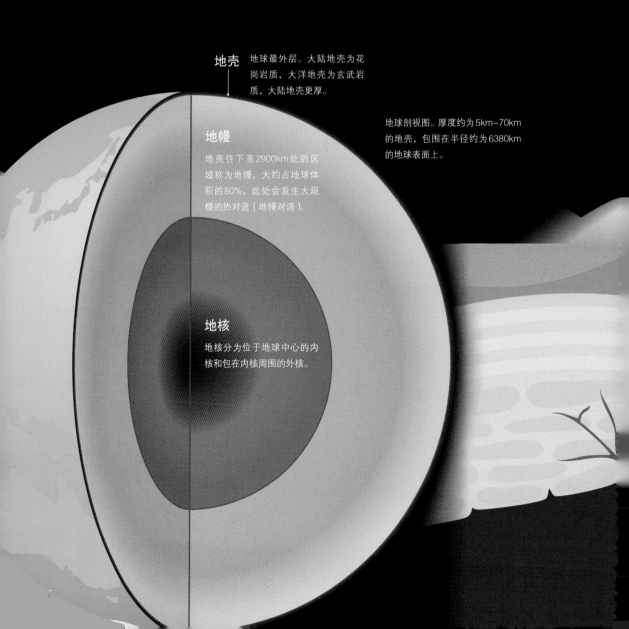

**地壳**　地球最外层。大陆地壳为花岗岩质，大洋地壳为玄武岩质，大陆地壳更厚。

**地幔**
地壳往下至2900km处的区域称为地幔，大约占地球体积的80%，此处会发生大规模的热对流（地幔对流）。

**地核**
地核分为位于地球中心的内核和包在内核周围的外核。

地球剖视图。厚度约为5km~70km的地壳，包围在半径约为6380km的地球表面上。

# ■矿床的种类

地壳中有价值的元素、矿物集中的部分被称为"矿床"。同样的矿物因矿床不同，出矿的成品也多有不同。在这里我们介绍一下矿床的主要类别。

### 伟晶岩矿床

在火成岩中，有种在地下深处经过漫长时间的冷却逐渐形成的岩石，这类岩石称之为深成岩，通常颗粒较粗大。在深成岩，特别是花岗岩等矿石中，水分、氟、硼等易挥发、比重小的元素比较密集，因此大多会在岩石内部形成空腔和矿脉，这就是"伟晶岩"。有时在这些空腔内会生出石英（水晶）以及黄玉等矿物结晶。

### 热液矿脉矿床

接近地下岩浆的热液中，含有很多从岩浆中溶解出来的金属成分。随着岩浆的热度不断升高，热液一边和周围的岩石发生反应改变其内部组成，一边缓慢地上升到地表。在这一过程中，进入到地层以及岩石缝隙中的热液会冷却凝固形成矿脉，这就是"热液矿脉"。含有较多有价值金属矿物的矿脉被称为"热液矿脉矿床"。

### 接触交代矿床

石灰岩、白云岩等岩石中的主要成分是珊瑚和贝类生物中所含有的碳酸盐。这些物质因板块运动而沉到地下时，在岩浆和热液的作用下，碳酸盐变为硅酸盐生成硅酸盐矿物的集合体，这就是"接触交代变质作用"（或称为"矽卡岩化作用"）。接触交代矿床和磁铁矿、方铅矿、黄铜矿等金属矿物一起构成金属矿床。

### 正岩浆矿床

在地球内部生成的岩浆经上升冷却作用形成深成岩时，金属矿物密集在一起形成层状或透镜状的矿床，这就是"正岩浆矿床"。在正岩浆矿床中，因岩浆内部形成的矿物比重差，金属矿物的分布有密集有稀疏。

### 温泉沉淀物

渗透到地下的雨水经岩浆加热后变为温泉水涌出地表，此时温泉水中的成分会变成矿物沉淀，这就是我们所说的"温泉沉淀物"。沉淀出的矿物质会随着温泉水的温度、二氧化碳的浓度以及水质的不同发生变化。

### 矿床氧化带

金属矿床的顶部因接触雨水和空气后被氧化，在地表形成大规模的氧化带，这种现象被称为"次生富集作用"。氧化带下方通常会被作为金属矿床的标记地，有时会从氧化带中产出天然的金、银、铜等。

**矿床氧化带**
出产孔雀石、蓝铜矿、水胆矾矿、白铅矿等。

**温泉沉淀物**
出产自然硫、黄铁矿、白铁矿、雌黄、雄黄等。

**热液矿脉矿床**
出产自然金、黄铜矿、方铅矿、黄铁矿、石英、闪锌矿等。

**接触交代矿床**
出产磁铁矿、赤铁矿、石榴石类、硅灰石、辉石类等。

**正岩浆矿床**
出产铁、镍、铬、铂等金属矿石。

**伟晶岩矿床**
出产石英（水晶）、长石类、绿柱石、黄玉等多种宝石。

# 矿物成分与分类

## ■ 化学式和矿物的分类

矿物是由同一种元素或者不同种类的元素排列组合构成的,其化学组成可以用不同的化学式来表示。然而即使构成元素相同,如果原子排列不同,也会形成完全不同种类的矿物。例如石墨和金刚石都是由碳元素构成的矿物,它们的化学式都是"C",但是由于它们的原子排列顺序不同,两种物质的形状、性质也就完全不同。

如上所述,我们把这些化学式相同但原子排列顺序不同的矿物称之为"同素异形体"(同质异象)。另一方面,我们把化学式相近且原子排列顺序相同的矿物称之为"类质同形体"(类质同象)。如果矿物中混入极微量的不纯物质,那么矿物的颜色可能会发生变化。这些微量的不纯物质可以不用考虑到化学式中。

另外,如果矿物的一部分化学组成被别的元素所替代,那么识别起来就会比较困难。这些拥有相同结晶构造的矿物称为"固溶体"。

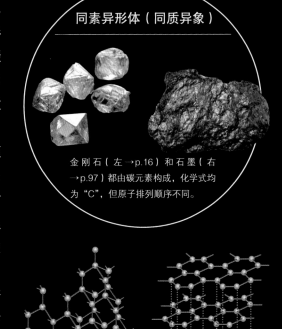

### 同素异形体(同质异象)

金刚石(左→p.16)和石墨(右→p.97)都由碳元素构成,化学式均为"C",但原子排列顺序不同。

金刚石(左)和石墨(右)的原子排列顺序。
金刚石的原子排列具有较强的吸引力,因此金刚石十分坚硬。而石墨的原子排列上下吸引力较弱,因此十分柔软。

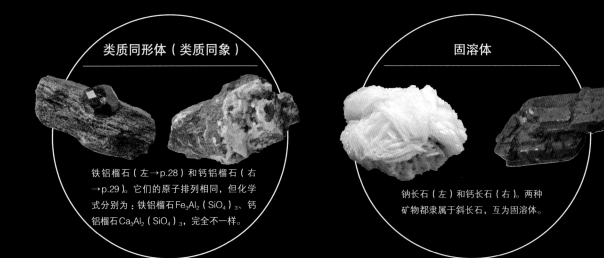

### 类质同形体(类质同象)

铁铝榴石(左→p.28)和钙铝榴石(右→p.29)。它们的原子排列相同,但化学式分别为:铁铝榴石 $Fe_3Al_2(SiO_4)_3$、钙铝榴石 $Ca_3Al_2(SiO_4)_3$,完全不一样。

### 固溶体

钠长石(左)和钙长石(右)。两种矿物都隶属于斜长石,互为固溶体。

# 矿物的主要分类

矿物中形成固溶体的情况较多，可根据化学构成有无共通性来进行分类。具体可以细分成70种以上，这里我们主要介绍具有代表性的几种分类。

## 自然元素矿物

自然元素矿物是指由单一元素或者是几种贵金属元素的合金形成的矿物。归到此类的矿物较少。

由金（Au）元素构成的自然金（→p.54）

## 硫化物矿物

硫化物矿物是指由硫元素与金属元素或者半金属元素结合在一起构成的矿物，矿物资源大都属于此类。

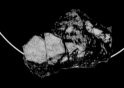

由铜蓝构成的铜矿物（→p.60）

## 氧化物矿物

氧化物矿物是指由氧、羟基以及其他元素化合后形成的矿物。该类矿物中含有较多铁资源矿物，刚玉等多种宝石也多在此类中。

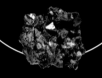

成为铁矿石的磁铁矿（→p.63）

## 卤化物矿物

卤化物矿物是指由氟、氯、碘等卤化物结合在一起构成的矿物。代表物是岩盐及萤石。

岩盐（→p.100）由氯和钠构成

## 碳酸盐矿物

碳酸盐矿物是指碳酸根和金属阳离子结合后形成的矿物。方解石、霰石、白云石是此类代表。

方解石（→p.147）由碳酸钙构成

## 磷酸盐矿物

磷酸盐矿物是指含有磷酸根的矿物，种类非常多，有磷灰石和绿松石等。

绿松石（→p.49）含铜的磷酸盐矿物

## 硫酸盐矿物

硫酸盐矿物是指含有硫酸根的矿物。该类矿物中透明易溶于水的物质较多，石膏和重晶石为其代表。

石膏（→p.98）含钙含水的硫酸盐矿物

## 硅酸盐矿物

硅酸盐矿物是指含有硅酸根的矿物。即使某物质中含有硼酸根和硫酸根，如果该物质内含有硅元素，我们也将其当成硅酸盐矿物进行分类。

白云母（→p.114）构成地球上岩石的一种造岩矿物

## 其他

铬酸盐矿物、钼酸盐矿物、钨酸盐矿物、硼酸盐矿物、砷酸盐矿物、钒酸盐矿物等。

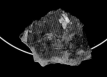

铬铅矿（→p.83）铬酸盐矿物中的一种

# 从外观上辨别矿物的种类

　　现在已知的矿物种类有4900多种，不同种类的矿物具有自己独特的形状、颜色、光泽。除了颜色、光泽之外，通过假设一种叫做晶轴的坐标轴，我们可以将矿物结晶的形状进行分类。在这里我们介绍一下矿物的晶系、颜色和条痕、光泽的不同之处。

散发着玻璃般光泽的水晶。虽然它的折射率不及金刚石，但却具有玻璃般透明的光泽。

## ■晶系的种类

　　我们将原子排列较为规整的物质称为"晶体"，大部分矿物都是晶体。形状较完整的晶体比较稀少，完整的晶体呈对称形状，根据作为坐标轴的晶轴长度或者几个轴交叉的角度，我们可以将矿物的晶体类型分为7种，统称为"晶系"。

| 名称 | 形状 | 特征 |
|------|------|------|
| 等轴晶系 | | 此类矿物拥有3条晶轴，每条长度相同。晶轴间的夹角均为90°，金刚石、石榴石、萤石、磁铁矿等均属此系。又称为立方晶系。 |
| 正方晶系 | | 此类矿物拥有3条晶轴，其中一根长度不同。晶轴间的夹角均为90°。鱼眼石、金红石、锆石均属此系。又称为四方晶系。 |
| 六方晶系 | | 此类矿物有4条晶轴，其中3条长度相同处于同一平面，夹角为60°。剩下的1条晶轴垂直于其他3条。磷灰石、绿柱石均属此系。 |
| 三方晶系 | | 此类矿物有4条晶轴，其中3条长度相同且处于同一平面，夹角为120°。剩下的1条晶轴垂直于其他3条。菱锰矿、电气石、刚玉、方解石等均属于此系。 |
| 斜方晶系 | | 此类矿物拥有3条晶轴，每条长度均不相同，晶轴夹角均为90°。重晶石、橄榄石、霰石、辉锑矿等均属此系。又称为正交晶系。 |
| 单斜晶系 | | 此类矿物拥有3条晶轴，长度均不相同，2条晶轴间的夹角为90°，与另1条的夹角非90°。普通辉石、石膏、雄黄、孔雀石等属于此系。 |
| 三斜晶系 | | 此类矿物有3条晶轴，长度均不相同，晶轴夹角均非90°。钠长石、蓝晶石、红硅钙锰矿、绿松石等均属此系。 |

## ■颜色和条痕

　　矿物可分为两种：一种是根据其主要构成成分显示出固有色调的物质，另一种是根据其含有的不纯物质显示出不同色调的物质，分别称为"自色"和"他色"。矿物在白瓷制成的"条痕板"上摩擦后，矿物粉会附着到板上，这就是"条痕"。条痕的颜色也就是条痕色，由矿物的种类决定，因此色调相同的矿物条痕颜色也多有不同。由于矿物中含有不纯物质，从外观上辨别不出的矿物可以通过条痕色来辨别。

通过将矿物在白瓷制成的"条痕板"上摩擦来调查条痕色。

## ■光泽

　　光反射到矿物表面时，矿物表面上形成的亮光和质感称之为"光泽"。光泽通常分为金属光泽和非金属光泽两种。金属光泽的矿物呈光无法通过的不透明状，其光泽像金属反射出的光一样强烈。非金属光泽的矿物光可穿透、通透感较强。以下6种光泽为代表性分类。

| 种类 | 特征 | 例 |
|---|---|---|
| 金刚光泽 | 具有透明感，由于光的折射率较高，所以具有较强的光泽。金刚石、白铅矿、锡石等隶属此系。 | 金刚石　白铅矿 |
| 玻璃光泽 | 具有透明感，拥有玻璃一般的光泽。石英、岩盐、异极矿、霰石等隶属此系。 | 异极矿　霰石 |
| 树脂光泽 | 拥有塑料般柔软的光泽。琥珀、磷氯铅矿等隶属此系。 | 琥珀　磷氯铅矿 |
| 油脂光泽 | 具有油亮的光泽。石墨、蛇纹岩、蛋白石隶属此类。 | 石墨　蛇纹岩 |
| 珍珠光泽 | 从易裂面散发出半透明的柔软光泽。绢云母、辉沸石、纤水硅钙等隶属此系。 | 纤水硅钙　绢云母 |
| 丝绸光泽 | 具有丝绸般质感的光泽，看起来仿佛是纤维状结晶的集合体。中沸石、纤蛇纹石等隶属此系。 | 中沸石　纤蛇纹石 |

# 根据性质区分矿物的种类

用肉眼难以辨别的矿物，也可以通过调查硬度、比重、晶体解理等性质来进行辨别。硬度和解理自己在家也可以简单地调查。对那些比较容易裂开的矿物，我们要小心处理。

## 硬度

我们可以以莫氏硬度计为基准进行调查，此种硬度计有1~10种硬度标准。虽说是硬度计，但并不是指用机器进行计算，而是选出10种硬度不同的标准矿物，将想要调查的矿物与之比对。如果想要调查的矿物出现了划痕，就再把它与下一级的标准矿物相摩擦，如此反复进行，可以将其归类到1~10的硬度类别中。只不过这种方法试出来的只是相对数值，各种硬度差并不是一定的。

| 硬度 | 标准矿物 |
|:---:|:---:|
| 10 | 金刚石（钻石） |
| 9 | 刚玉 |
| 8 | 黄玉 |
| 7 | 石英 |
| 6 | 正长石 |
| 5 | 磷灰石 |
| 4 | 萤石 |
| 3 | 方解石 |
| 2 | 石膏 |
| 1 | 滑石 |

金刚石

刚玉

黄玉

石英

正长石

磷灰石

萤石

方解石

石膏

滑石

# ■ 比重大小

比较体积相同但重量不同的矿物时，重量的差异值称为"比重"。矿物的比重是指在相同体积下，矿物的重量和温度为4℃时的水的重量的比值。当水的重量为1时，用数字表示出矿物的重量是水的几倍。在矿物中，具有金属光泽的矿物普遍比重较大，非金属光泽的矿物比重较小。

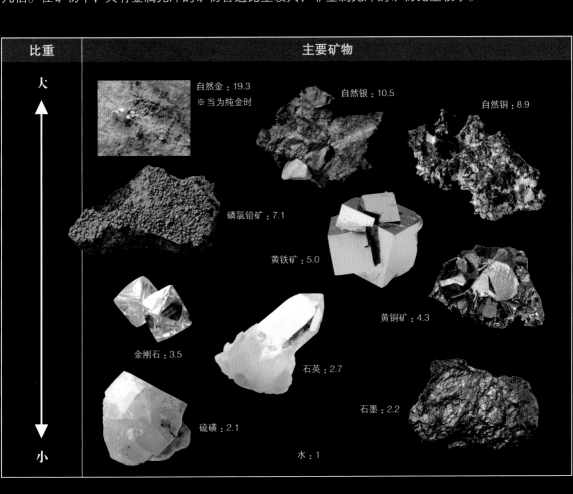

| 比重 | 主要矿物 |
|---|---|
| 大 ↑ ↓ 小 | 自然金：19.3 ※当为纯金时　自然银：10.5　自然铜：8.9　磷氯铅矿：7.1　黄铁矿：5.0　黄铜矿：4.3　金刚石：3.5　石英：2.7　石墨：2.2　硫磺：2.1　水：1 |

# ■ 解理方向

矿物的切割方法具有一定的规则性，根据原子的排列顺序，我们可以发现原子结合十分薄弱的方向，沿着该方向稍微用力即可轻易分裂矿物，这就是晶体解理。根据解理方向，矿物大致分为5类，这可以成为区分矿物种类的方法，但也存在没有解理的矿物。

一组解理　　　　二组解理　　　　三组解理　　　　四组解理　　　　六组解理

## ■ 本书的使用方法

　　本书列出了世界上大约200种主要矿物，分为以下五章进行讲解：第1章 作为宝石的矿物，第2章 成为金属原料的矿物，第3章 成为工业原料的矿物，第4章 形状奇异的矿物，第5章 色泽奇异的矿物。

**类别名**
总体介绍一大类矿物。

**矿物名、数据**
请参照下方"矿物名、数据的查阅方法"。

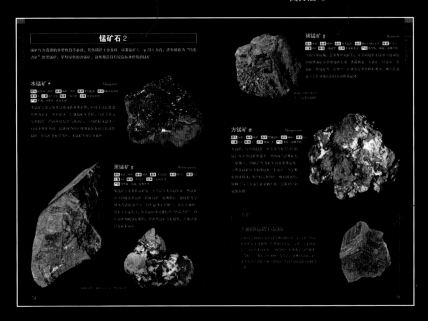

**专栏**
介绍矿物的补充信息。

## 矿物名、数据的查阅方法

**矿物名**
矿物的别称记录在括号内。

**信息**
记载了矿物的颜色、条痕色、晶系、化学组成、硬度、比重、解理、光泽、主要产地等。

**解说**
详细说明出产地以及晶体的种类等。

**英文名**

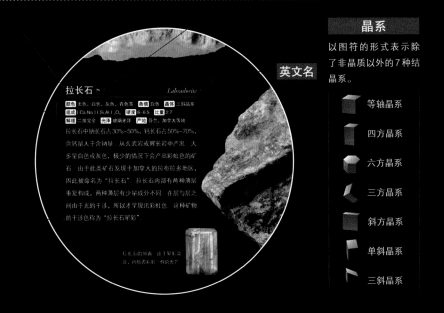

**晶系**
以图符的形式表示除了非晶质以外的7种结晶系。

- 等轴晶系
- 四方晶系
- 六方晶系
- 三方晶系
- 斜方晶系
- 单斜晶系
- 三斜晶系

# 金刚石

**颜色** 无色、白色、黄色、粉色等　**条痕** 无　**晶体** 等轴晶系　**组成** C
**硬度** 10　**比重** 3.5　**解理** 四组完全　**光泽** 金刚光泽
**产地** 俄罗斯、博茨瓦纳、安哥拉、加拿大等地

金刚石是由碳元素组成的最硬的矿物。金刚石的坚硬很大程度上源于其紧密的原子排列顺序。金刚石生成于地下130km处的地幔，从金伯利岩中产出。在高温高压的条件下，碳原子实现三维上的共价键结合，因此金刚石才能如此坚硬。金刚石晶体通常为八面体，无色透明。根据其所含成分的不同，会显示出黄色、蓝色、粉红色等各种颜色。

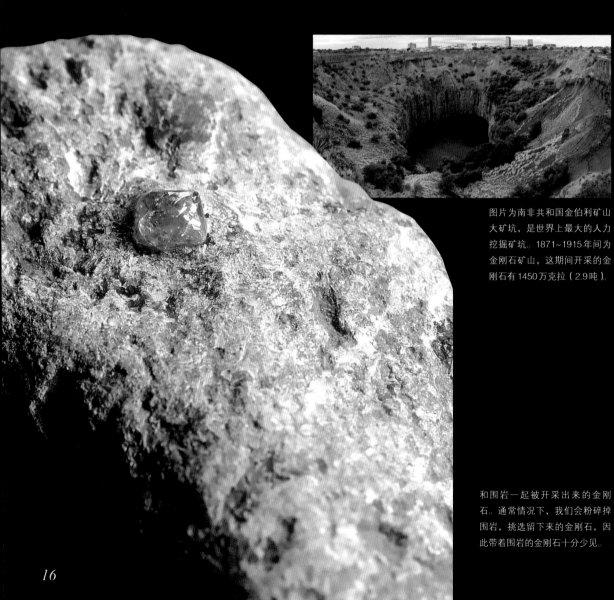

图片为南非共和国金伯利矿山大矿坑，是世界上最大的人力挖掘矿坑。1871~1915年间为金刚石矿山，这期间开采的金刚石有1450万克拉（2.9吨）。

和围岩一起被开采出来的金刚石。通常情况下，我们会粉碎掉围岩，挑选留下来的金刚石，因此带着围岩的金刚石十分少见。

八面体晶体金刚石

由于金刚石中含有不纯物质，所以其带有颜色。氮元素呈现黄色，硼元素呈淡蓝色。也有的金刚石经过高温高压处理后呈现别的颜色。

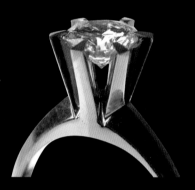

使用明亮式车工金刚石加工琢磨法研磨后的金刚石。为了使金刚石呈现出最美的状态，将其细致地切割成了58面。

## 金刚石的加工方法

想把矿物加工成宝石时，需要使用硬度更高的矿物进行研磨。而加工硬度最高的金刚石时，一般使用同种金刚石一起研磨。例如，在研磨单结晶金刚石时，使用粉末状的金刚石作研磨剂。另外还有种用刀尖上装有金刚石的工具进行研磨的方法。近年来使用激光切割的方法渐渐成为主流。

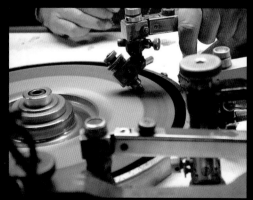

图片为使用研磨器加工金刚石的过程。在工具上涂上硬度较高的矿物粉末使其运转，将原石放在上面研磨。

# 刚玉

| 颜色 | 白色、红色、蓝色 | 条痕 | 白色 | 晶体 | 三方晶系 |

**颜色** 白色、红色、蓝色　**条痕** 白色　**晶体** 三方晶系
**组成** $Al_2O_3$　**硬度** 9　**比重** 4.0　**解理** 无　**光泽** 玻璃光泽
**产地** 缅甸、泰国、斯里兰卡、坦桑尼亚等地

晶体呈六方柱状，为氧化铝矿物。产于霞石正长岩、
变质岩以及经热变质作用的石灰岩等二氧化硅浓度较
低、铝含量较高的岩石中。红色刚玉被称为红宝石，
其他的刚玉被称为蓝宝石。19世纪末，人工合成刚玉
技术成熟，刚玉被广泛运用到工业和宝石制作中。

用凸圆形打磨法研磨出的红宝石，如星光般闪烁。

打磨后的红宝石。
七月诞生石。

红宝石原石，晶体周围正逐
渐变质成含铬白云母。

红宝石原石。晶体中含有的铬元素的
多少使其呈现不同程度的红色。所含
铬元素较少的情况下，颜色较浅，可
归类到粉红色蓝宝石中。透明美丽的
天然红宝石十分少见，具有极高的价
值。基本上所有的红宝石都经过热处
理后作为宝石进行贩卖。

蓝宝石原石。因氧化铝晶体中含有的钛元素和铁元素使其呈蓝青色。晶体产于石灰变质岩以及玄武岩中，也有晶体以两端尖锐的六方双锥状产出。除了红色刚玉外，其他刚玉统称为蓝宝石。蓝青色的称为蓝宝石，除此之外还有黄色蓝宝石、粉红色蓝宝石、白色蓝宝石等，在蓝宝石前加上各自的颜色即可。

打磨后的蓝宝石。
九月诞生石。

进行热处理后可以改变颜色的深浅，
能够调出更漂亮的色调。

六方双锥状的黄色刚玉。
两头十分尖锐。

# 金绿宝石

*Chrysoberyl*

| 颜色 黄绿色~绿色 | 条痕 白色 | 晶体 斜方晶系 | 组成 $BeAl_2O_4$ |
| --- | --- | --- | --- |

| 硬度 8.5 | 比重 3.5~4.0 | 解理 一组清楚 | 光泽 玻璃光泽 |
| --- | --- | --- | --- |

产地 巴西、俄罗斯、斯里兰卡等

金绿宝石是铍和铝的氧化矿物，从伟晶花岗岩和变质岩中产出，是仅次于金刚石和刚玉的最硬的矿物。晶体虽属于斜方晶系，但由于是双晶，因此较易形成六角形。其中有一种名为猫眼的金绿宝石，宝石内仿佛有一束光线射入。还有一种名为变石的金绿宝石，颜色可以根据光源改变，极具人气。

金绿宝石的变种——变石（亚历山大石）。在太阳光下，宝石中的红色被吸收，整体呈绿色（左）。在白炽灯下，宝石中的绿色被吸收，所以宝石整体呈红色（右）。

金绿宝石。Chryso 在希腊语中是金色的意思。也有呈绿色和褐色的晶体，但黄绿色的金绿宝石最受欢迎。

像花瓣一样的轮状双晶。

# 尖晶石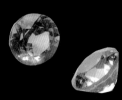

| 颜色 红色、黄色、橙色、蓝色、绿色等 | 条痕 白色 | 晶体 等轴晶系 | 组成 $MgAl_2O_4$ | 硬度 7.5~8 |
| --- | --- | --- | --- | --- |
| 比重 3.6~4.1 | 解理 无 | 光泽 玻璃光泽 | 产地 阿富汗、斯里兰卡、缅甸等 | |

尖晶石是铝镁氧化矿物，产于含镁成分较多的大理石中。较纯粹的晶体为无色透明状，通过将其中的镁和铝置换成其他成分可以改变宝石的颜色。含有铬元素的尖晶石呈红色，优质的红色尖晶石称为红尖晶石。有时会被误认成红宝石，然而尖晶石是属于等轴晶系的八面体，红宝石隶属三方晶系，它们是不同的。

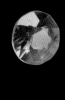

由于内含不纯物质，尖晶石呈现出各种不同的颜色。

尖晶石的晶体，极易形成八面体。

尖晶石的晶体，由拉丁语中有小刺之意的spinella得名。

# 电气石类

电气石类是含有硼元素的硅酸盐矿物，它的化学式十分复杂，它的主要成分变化后形成的20多种矿物都属于这一类。加热摩擦后可引起静电。晶体呈柱状，上下两端形状不同，属于异极晶。

## 镁电气石 *Dravite*

**颜色** 淡褐色~黑褐色　**条痕** 灰色~淡褐色　**晶体** 三方晶系
**组成** $NaMg_3Al_6(BO_3)_3Si_6O_{18}(OH)_4$　**硬度** 7~7.5　**比重** 3.0　**解理** 无
**光泽** 玻璃光泽　**产地** 澳大利亚、巴西等地

黑电气石含铁量较多，但镁电气石是一种含镁量较多的电气石类。多呈褐色、暗绿色、黑色，晶体为透明~半透明之间的柱状晶体，主要产于变质岩中，也常见于伟晶岩等处。镁置换成铁后与黑电气石形成固溶体。此外比起黑电气石，镁电气石更偏褐色，用肉眼难以区分两种矿石。

呈现黑褐色玻璃光泽的
镁电气石晶体。

## 黑电气石 *Schorl*

**颜色** 黑色~暗褐色　**条痕** 灰色~蓝白色　**晶体** 三方晶系
**组成** $NaFe^{2+}_3Al_6(BO_3)_3Si_6O_{18}(OH)_4$　**硬度** 7~7.5　**比重** 3.2
**解理** 无　**光泽** 玻璃光泽　**产地** 巴西、巴基斯坦、俄罗斯等

黑电气石是含铁的硅酸盐矿物，电气石类的一种。20多种电气石中，它的产量最多。在伟晶岩中，它以黑色柱状晶体的形式产出，有时也会在矽卡岩中以针状晶体的形式产出。半数以上的钠元素流失、而铝元素增加的黑电气石被称为铁电气石。

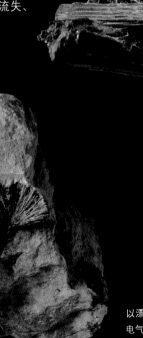

伟晶岩中产出的黑电气
石柱状晶体。

以漂亮的菊花形产出的黑
电气石晶体。

# 锂电气石

*Elbaite*

| 颜色 | 绿色、蓝色、粉色、红色、黄色、褐色等 | 条痕 | 白色 | 晶体 | 三方晶系 |

| 组成 | Na（Li,Al）$_3$Al$_6$（BO$_3$）$_3$Si$_6$O$_{18}$（OH）$_4$ | 硬度 | 7~7.5 | 比重 | 2.9~3.1 |

| 解理 | 无 | 光泽 | 玻璃光泽 | 产地 | 阿富汗、巴西、马达加斯加等 |

锂电气石以锂为主要成分。锂电气
石在镁电气石和黑电气石间形成固溶体，颜色变化丰富，
甚至上下两端、内外两侧都可以有两种以上的
颜色。将内外颜色不同的锂电气石切成圆片
时，其颜色极像西瓜，因此称之为"西瓜碧玺
（watermelon）"。打磨后的宝石级电气石称为
碧玺，呈红色~粉红色的称为"红碧玺"，蓝色
的称为"蓝碧玺"，绿色的称为"绿碧玺"。

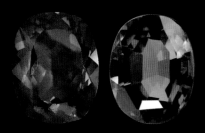

闪烁着美丽的玻璃光泽的
碧玺。十月诞生石。

绿色的锂电气石，是伟晶岩中
锂电气石的结晶。

由外侧的绿电气石和内侧的红电气石
构成的西瓜碧玺。

伟晶岩中的粉红色结晶。

# 绿柱石

*Beryl*

| | | | |
|---|---|---|---|
| **颜色** 绿色、蓝色、红色、黄色、无色 | **条痕** 无 | **晶体** 六方晶系 | |
| **组成** $Be_3Al_2Si_6O_{18}$ | **硬度** 7.5~8 | **比重** 2.6~2.8 | |
| **解理** 无 | **光泽** 玻璃光泽 | **产地** 哥伦比亚、巴西、中国等地 | |

绿柱石是含有铍和铝的硅酸盐矿物，是铍元素的资源矿物。在热液矿脉、变质岩、伟晶岩等地以六方柱状晶体的形式产出。根据所含微量元素的不同显示出不同色调，形成祖母绿、海蓝宝石、金绿柱石、摩根石等不同宝石。

祖母绿原石（上和左）。由于含有铬和钒，呈现出美丽的绿色。多产于变质岩、热液矿脉中。世界闻名的哥伦比亚祖母绿产于黑色页岩中的热液作用方解石脉中。

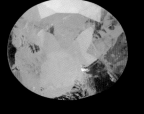

祖母绿刻面。五月诞生石。自古以来就有祖母绿中寄宿着大地精灵的说法。

柱状的海蓝宝石原石（下）和带有围岩的海蓝宝石原石（右）。因含铁元素（$Fe^{2+}$+$Fe^{3+}$）所以呈淡淡的水蓝色。另外、如果铁元素中主要含$Fe^{2+}$，宝石就会成为绿色系的海蓝宝石。为了去除绿色，需要进行加热处理。

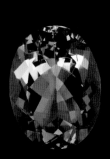

海蓝宝石刻面。三月诞生石。在过去的欧洲，人们认为海精灵寄宿在此种宝石上，是船队的守护石。

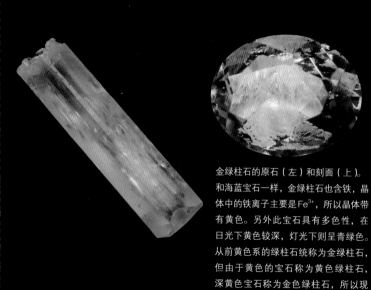

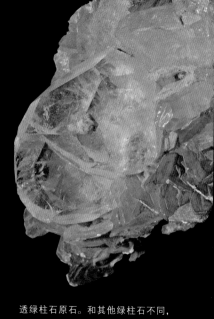

金绿柱石的原石（左）和刻面（上）。和海蓝宝石一样，金绿柱石也含铁，晶体中的铁离子主要是$Fe^{3+}$，所以晶体带有黄色。另外此宝石具有多色性，在日光下黄色较深，灯光下则呈青绿色。从前黄色系的绿柱石统称为金绿柱石，但由于黄色的宝石称为黄色绿柱石，深黄色宝石称为金色绿柱石，所以现在只把黄绿色的宝石称为金绿柱石。

透绿柱石原石。和其他绿柱石不同，由于其内部的不纯物质极少，是接近无色的绿柱石。其中完全无色的称为透绿柱石。和无色蓝宝石这种叫法一样，也有无色绿柱石这种叫法。

摩根石。由于其中含有微量的锰元素，因此呈粉色调。在伟晶岩中产出，晶体较平整。由于晶体呈粉色，也被称为粉红绿柱石。

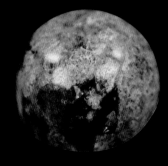

红绿柱石。由于含有锰元素等，晶体显示红色。仅在美国犹他州等地的流纹岩中产出，十分稀少。

# 金红石

| 颜色 | 红色、褐色、黑色 | 条痕 | 淡黄褐色 | 晶体 | 四方晶系 | 组成 | $TiO_2$ | 硬度 | 6~6.5 |
|------|------|------|------|------|------|------|------|------|------|
| 比重 | 4.2~4.4 | 解理 | 二组清楚 | 光泽 | 金刚光泽 | 产地 | 美国、瑞士、巴西等地 | | |

金红石是含钛元素的氧化物。在火成岩、变质岩、结晶片岩中以小晶体的形式产出。另外，在热液变质带中，金红石还会以钛石、钛铁矿分解生成物的形式产出。通常情况下，柱状晶体也会呈块状和颗粒状产出，大多为黄褐色或金色。并且金红石晶体比较容易形成双晶，3~4个晶体相连，有时会呈六角放射状。朝特定方向排列的针状晶体集合体在刚玉中打磨后，红宝石和蓝宝石就会变成星光红宝石和星光蓝宝石。

拥有星光效果的打磨石，宝石内仿佛充满了星光织出的线条。由于金红石的针状晶体在红宝石内不断生长，所以才能形成图片中的星光效果。

伴随着赤铁矿的金红石柱状晶体。由于其含有些许铁元素，所以略呈黄色。

金红石的单晶体。

形成V字型双晶的金红石。

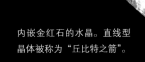

内嵌金红石的水晶。直线型晶体被称为"丘比特之箭"。

# 董青石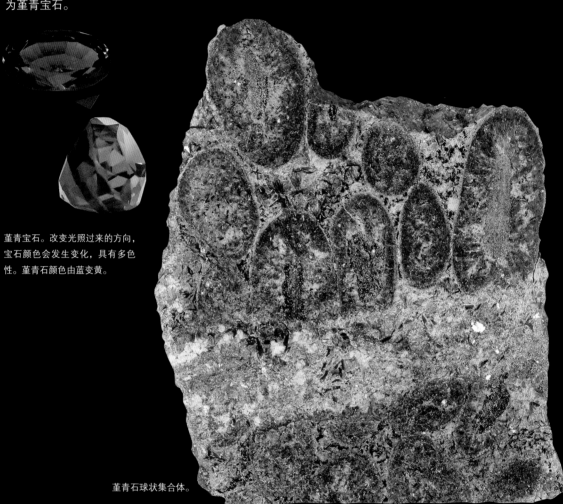

**颜色** 蓝色～蓝绿色、灰色、紫蓝色　**条痕** 白色　**晶体** 斜方晶系　**组成** ( Mg,Fe )$_2$Al$_3$ ( Si$_5$Al ) O$_{18}$　**硬度** 7~7.5　**比重** 2.5~2.7　**解理** 无　**光泽** 玻璃光泽　**产地** 印度、斯里兰卡、坦桑尼亚等地

含镁和铁等元素的硅酸盐矿物。产于接触变质岩、广域变质岩、花岗岩质深成岩中。多呈块状、颗粒状和六方柱状。另外，晶体经变质作用后常直接变成绿泥石和白云母。六方柱的断面形似花瓣，因此被称为"樱石"( →p.123 )。董青石呈青紫色，但其拥有强烈的多色性。把角度改变90°后就会呈黄绿色，由此被称为二色石。其中质量较好的矿石十分珍贵，被称为董青宝石。

董青宝石。改变光照过来的方向，宝石颜色会发生变化，具有多色性。董青石颜色由蓝变黄。

董青石球状集合体。

董青石原石。英文名源于最初记载该矿物的地质学者皮埃尔·路易·柯尔迪耶。

# 石榴石类（石榴石）

石榴石隶属于硅酸盐矿物，根据所含成分不同，可以分成不同种类和颜色。晶体呈四角三八面体状，或者呈菱形十二面体，解理不发达。比石英硬度高，是比重较大的硅酸盐矿物。透明度较高的晶体被称为石榴石，被人们所喜爱。

## 锰铝榴石　*Spessartine*

**颜色** 红色、橙色、褐色、黄色　**条痕** 白色　**晶体** 等轴晶系
**组成** $Mn_3Al_2(SiO_4)_3$　**硬度** 7~7.5　**比重** 3.9~4.2
**解理** 无　**光泽** 玻璃光泽　**产地** 巴基斯坦、美国等地

锰铝榴石是以锰和铝为主要成分的石榴石类矿物。将铁铝榴石中的铁换成锰就变成了锰铝榴石，产于含锰变质岩、火成岩、伟晶花岗岩中，晶体呈黄~橙色。产于伟晶岩和流纹岩的矿石因带有铁铝榴石中的成分而呈红褐色。我们很难用肉眼区分这两种矿石。

宝石为锰铝榴石。纯度高的锰铝榴石价值非常之高。

## 铁铝榴石　*Almandine*

**颜色** 红褐色、黑褐色　**条痕** 白色　**晶体** 等轴晶系　**组成** $Fe_3Al_2(SiO_4)_3$　**硬度** 7
**比重** 3.9~4.2　**解理** 无　**光泽** 玻璃光泽　**产地** 印度、马达加斯加、巴西等地

以铁和铝为主要成分的石榴石类矿物。产于变质岩、伟晶花岗岩、片麻岩、火山岩等地。晶体易形成二十四面体状，矿石呈颗粒状或块状出产。铁铝榴石是石榴石类中产量最多的矿物，因含有铁元素而呈红色。

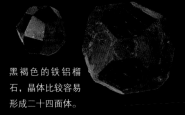

黑褐色的铁铝榴石，晶体比较容易形成二十四面体。

铁铝榴石是石榴石中最多产的一类。一月诞生石。

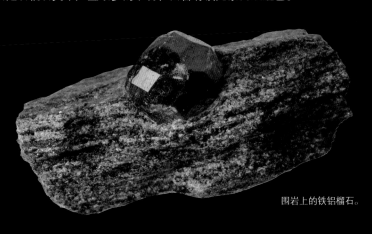

围岩上的铁铝榴石。

## 钙铝榴石

*Grossular*

**颜色** 白色、黄色、绿色、褐色　**条痕** 白色　**晶体** 等轴晶系
**组成** $Ca_3Al_2(SiO_4)_3$　**硬度** 6.7~7　**比重** 3.4~3.8
**解理** 无　**光泽** 玻璃光泽　**产地** 加拿大、墨西哥等地

钙铝榴石是以钙和铝为主要成分的石榴石类矿物，是石灰质变质岩的标志性含有物，主要产于含铝量丰富的粘土质岩中，或者是白云岩经接触变质作用后产生。晶体多呈菱形十二面体状，接近边缘处为白色，如果晶体中含有铁、铬、钒元素，矿石会呈现出各种颜色。

钙铝榴石的宝石为褐色或淡绿色，
极少情况下可产于陨石中。

## 镁铝榴石

*Pyrope*

**颜色** 红色、紫红色、粉红色　**条痕** 白色　**晶体** 等轴晶系
**组成** $Mg_3Al_2(SiO_4)_3$　**硬度** 7~7.5　**比重** 3.7~3.8　**解理** 无
**光泽** 玻璃光泽　**产地** 捷克、南非等地

镁铝榴石是以镁和铝为主要成分的石榴石类矿物。将铁铝榴石中的铁换为镁后就是镁铝榴石，一般来讲镁铝榴石中一定含有铁。和铁铝榴石相比，镁铝榴石在压力值更高的变质岩等处产出，呈淡粉色、红色、紫红色等，透明半透明之间。大致呈圆形颗粒状，包裹在蕴含金刚石的金伯利岩或者高压变质岩中。

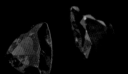

镁铝榴石形成的宝石（左）
和镁铝榴石的原石（上）。

## 钙铬榴石

*Uvarovite*

**颜色** 绿色　**条痕** 白色　**晶体** 等轴晶系　**组成** $Ca_3Cr_2(SiO_4)_3$　**硬度** 7.5
**比重** 3.4~3.8　**解理** 无　**光泽** 玻璃光泽　**产地** 挪威、俄罗斯等地

以铬和钙为主要成分的石榴石类矿物。产于含铬的超基性火成岩或者变质岩中。一般晶体为菱形十二面体形，也有极为稀少的四角三八面体。以小晶体群的形式产出的情况较多，基本没有大晶体。纯粹的钙铬榴石的宝石为翠绿色。

围岩上的钙铬榴石
晶体（绿色）。

**29**

# 锆石

*Zircon*

| **颜色** 无色、黄褐色、红色、绿色 | **条痕** 白色 | **晶体** 四方晶系 | **组成** $ZrSiO_4$ |
| --- | --- | --- | --- |

**硬度** 6~7.5　**比重** 4.2~4.7　**解理** 无　**光泽** 金刚光泽

**产地** 斯里兰卡、泰国、澳大利亚等地

锆石为土中的硅酸盐矿物，产于火成岩或者变质岩中。虽为花岗岩和闪长岩等伟晶岩的副成分矿物，但岩石经过风化作用后有时会出现堆积成砂砾的情况。由于含有铀、钍元素等放射性元素，被用于测定放射年代。晶体呈同时含有锥面和柱面的四方柱状，颜色有褐色、赤褐色、灰色等多种颜色。通过热处理，可以制作出无色、蓝色、黄褐色的锆石。

锆石的四方柱状晶体。原本为无色，由于内含不纯物质，所以呈褐色。

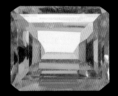

锆石刻面，原本的颜色为褐色或赤褐色，经过热处理，变成了蓝色和黄褐色。

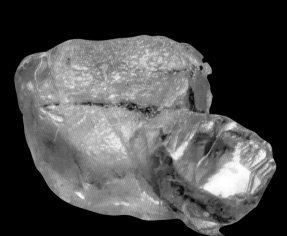
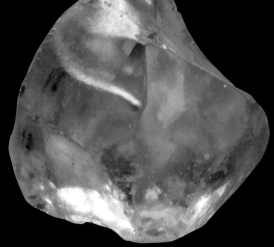

经过热处理后发出蓝光的锆石。一般认为人们很早以前就掌握了对锆石进行热处理的技术。

# 橄榄石

**颜色** 深绿色~黄绿色、黑色　**条痕** 白色　**晶体** 斜方晶系　**组成** $(Mg,Fe)_2SiO_4$　**硬度** 6.5~7　**比重** 3.3~3.7　**解理** 无　**光泽** 玻璃光泽　**产地** 埃及、美国、缅甸、巴基斯坦等地

含镁和铁的硅酸盐矿物。有时也会含有微量的镍和锰。宝石的颜色极像橄榄果实的颜色，因此被称为橄榄石。绿色橄榄石隶属于镁橄榄石类，其中质地透明、颗粒较大的称为贵橄榄石。含铁较多的铁橄榄石呈黑色且出产量较少。它是构成地幔的主要矿物，耐火性较高，较细的铁橄榄石可用来铸铁。

经切割的宝石被称为贵橄榄石。八月诞生石。

贵橄榄石的原石。贵橄榄石在古埃及被尊崇为太阳之石。

橄榄岩是玄武岩中的捕掳体，该捕掳体被认为是地幔的起源。

# 黄玉（托帕石）

**颜色** 无色、蓝色、粉红色、黄色等　**条痕** 白色　**晶体** 斜方晶系　**组成** $Al_2SiO_4$（$F,OH$）$_2$
**硬度** 8　**比重** 3.4~3.6　**解理** 一组完全　**光泽** 玻璃光泽　**产地** 巴西、巴基斯坦、美国等地

含氟和铝的硅酸盐矿物。产于高温热液脉、热液变质带及伟晶花岗岩中。晶体属于斜方晶系，拥有透明到半透明的玻璃光泽，柱面多纵纹，有无色、黄色、粉红色、蓝色等多种颜色。通过放射线照射或者加热可以使颜色变深或者改变晶体颜色。含羟基较多的有帝王黄玉和粉托帕，含羟基较少的有蓝托帕和白托帕等。

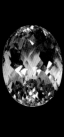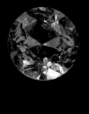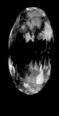

各种颜色的托帕石刻面。
十一月诞生石。它的矿物学
名为黄玉。

黄玉的原石色泽也十分鲜艳。橙黄色的黄玉
（托帕石）被称为帝王黄玉，宝石价值极高。

# 夕线石（硅线石）　　　　　　　　　　*Sillimanite*

| | | | |
|---|---|---|---|
| **颜色** 无色、白色、黄色、淡绿色等 | | **条痕** 白色 | **晶体** 斜方晶系 | **组成** $Al_2O(SiO_4)$ |

**硬度** 6.5~7.5　**比重** 3.3　**解理** 一组完全　**光泽** 玻璃光泽~丝绸光泽

**产地** 斯里兰卡、南极、印度等地

含铝的硅酸盐矿物。夕线石和红柱石、蓝晶石是同含有硅酸铝的同质多像关系，化学式相同。产于粘土质的接触变质岩或者片麻岩一样的变质岩中。晶体呈柱状、针状或纤维状。普通夕线石呈无色或白色，但也有黄色、褐色、淡蓝色、绿色、紫蓝色等颜色，具有多色性，不同角度色调不同。常压下800℃以上的高温方可形成，晶体周围或者晶体全部常变成白云母。

褐色夕线石。英文名源于美国化学家西里曼。

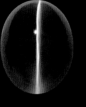

夕线石。由于该宝石为纤维状晶体结合体，采用凸面型打磨后可以呈现出猫眼效果。

变质岩中的夕线石（黄色部分）。石榴石（红色）和绿辉石（绿色）混在其中。

# 阳起石

*Actinolite*

| 颜色 | 绿色、暗绿色等 | 条痕 | 白色 | 晶体 | 单斜晶系 | 组成 | $Ca_2(Mg,Fe)_5Si_8O_{22}(OH)_2$ |

硬度 5~6　比重 2.9~3.1　解理 二组完全　光泽 玻璃光泽

产地 俄罗斯、加拿大、中国台湾、日本等地

阳起石为含钙、镁、铁的硅酸盐矿物。透闪石中的一部分镁被置换成铁后即成为阳起石，是一种结晶片岩的变质岩类的构成成分。另外也常见于受到接触交代作用后的岩石。晶体呈绿或暗绿色的柱状、针状或纤维状，这些晶体聚集在一起出产。根据含铁比例多少，绿色浓淡不同。

放射状集合体的长晶体，在英文中它的名字意味着光和石头。

较细密的含淡绿色阳起石被称为软玉，可用作精致的雕刻品和装饰品。

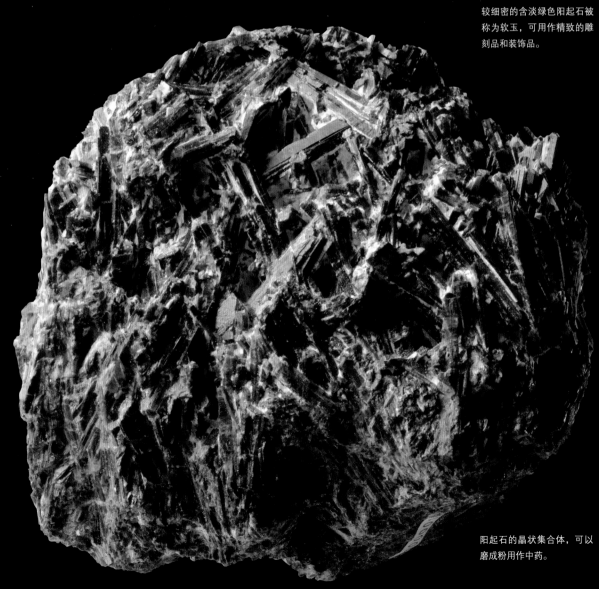

阳起石的晶状集合体，可以磨成粉用作中药。

# 硅孔雀石

| 颜色 | 蓝色、蓝绿色、绿色 | 条痕 | 白色~淡蓝色 | 晶体 | 斜方晶系 | 组成 | $(Cu,Al)_2H_2Si_2O_5(OH,O)_4 \cdot nH_2O$ |

| 硬度 | 2~4 | 比重 | 1.9~2.4 | 解理 | 无 | 光泽 | 玻璃光泽、油脂光泽 | 产地 | 智利、美国、墨西哥、俄罗斯等地 |

和孔雀石一样含有铜元素因而呈蓝色，是含水硅酸盐矿物。在铜矿床的氧化带中以葡萄状或皮壳状产出。虽隶属于斜方晶系，但和非晶质无比接近。硬度较低不适合加工，渗入硅酸成分的"硅化宝石（Gemsilica）"硬度较高适合加工，可做成宝石。

打磨后的硅孔雀石。天然的硅孔雀石十分脆弱，加工起来很困难。

在古希腊，由于制造合金时会用到这种矿物，所以给它取名为硅孔雀石（Chrysocolla），是将"金属（chrysos）"和"连接（kolla）"两个单词合在一起的产物。

青色硅孔雀石的集合体。在美国具有很高的人气，几乎有和宝石相同的人气。

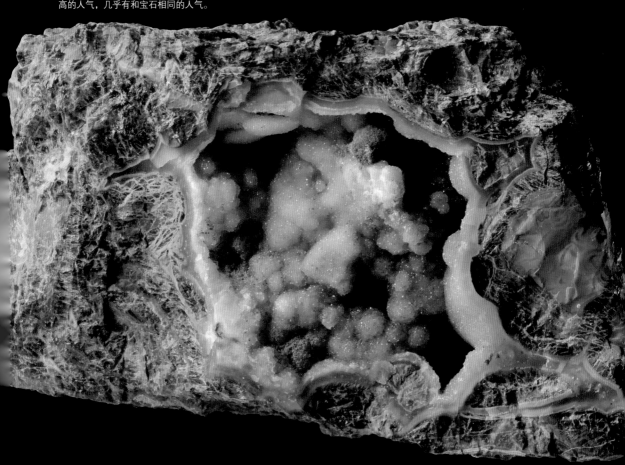

# 辉石类

辉石类是构成地壳的重要造岩矿物，大约有20种。多呈柱状或方桌状，晶体为单斜晶系，产于火成岩、接触变质岩、广域变质岩或伟晶花岗岩中。化学组成多样，颜色也有黑色、淡褐色、绿色、淡蓝色、红色等，比较丰富。其中透明的锂云母或者半透明的硬玉、透辉石等颜色光泽美丽的矿石能够制成宝石。

## 锂辉石 ⚑ *Spodumene*

| 颜色 无色~白色、粉红色、绿色等等 | 条痕 白 | 晶体 单斜晶系 | 组成 LiAlSi$_2$O$_6$ |
|---|---|---|---|
| 硬度 7~7.5 | 比重 3.2 | 解理 二组完全 | 光泽 玻璃光泽 |
| 产地 巴西、阿富汗、美国等地 | | | |

以锂为主要成分的辉石。锂辉石在锂含量丰富的伟晶花岗岩中和锂电气石、鳞云母（锂云母）、绿柱石、磷铝石等一起产出。锂辉石在辉石类中硬度最高，富含锰元素的锂辉石为紫锂辉石，含铬元素的绿色锂辉石为翠锂辉石，可以做成宝石。

因含锰而呈粉红色的锂辉石原石（上）以及紫锂辉石（左）。

## 透辉石 ⚑ *Diopside*

| 颜色 无色~暗绿色，粉色~紫色 | 条痕 白色、淡绿色 |
|---|---|
| 晶体 单斜晶系 | 组成 CaMgSi$_2$O$_6$ · 硬度 5.5~6.5 |
| 比重 3.2~3.5 | 解理 二组完全 |
| 光泽 玻璃光泽 | 产地 缅甸、俄罗斯、中国等地 |

以钙和镁为主要成分的单斜辉石，在矽卡岩或者超基性岩石中产出，晶体呈柱状、板状、颗粒状、块状。多为无色、黄褐色、黄绿色。含铬透辉石呈鲜绿色。绿色尤为艳丽的透辉石被称为"铬透辉石"。

## 专栏

### 辉石的同类：蔷薇辉石

蔷薇辉石名字中带有辉石二字，但实际上却不属于辉石类。当初发现蔷薇辉石时误认它是辉石类，因此命名为蔷薇辉石。蔷薇辉石的晶体构造虽与辉石类似但却有所不同，因此将其归为准辉石一类中。

## 蔷薇辉石 ⚑ *Rhodonite*

| 颜色 粉红色~红色、紫色 | 条痕 白色 |
|---|---|
| 晶体 三斜晶系 | 组成 (Mn,Ca)$_5$Si$_5$O$_{15}$ · 硬度 6 |
| 比重 3.7 | 解理 二组完全 · 光泽 玻璃光泽 |
| 产地 澳大利亚、美国、俄罗斯、瑞典等地 | |

以钙和锰为主要成分的一种锰矿物。一般蔷薇辉石都是桃色的透明或半透明状，置于空气中会被氧化成黑色。

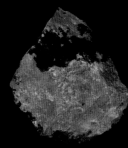

# 硬玉 🏳 *Jadeite*

**颜色** 白色~绿色、紫色　**条痕** 白　**晶体** 单斜晶系　**组成** $NaAlSi_2O_6$
**硬度** 6.5~7　**比重** 3.3　**解理** 二组完全　**光泽** 玻璃光泽
**产地** 缅甸、俄罗斯、危地马拉、日本等地

以钠和铝为主要成分的辉石。生成这种矿石低温高压是必要条件，以大块岩石的形式包裹在钠长石与蛇纹岩中。通常晶体呈白色或无色，根据所含元素不同颜色各异。含铁和铬的硬玉为绿色，含微量铁和钛元素的呈青~紫色。细微的晶体细密地组合在一起，形成翡翠（硬玉）。

和软玉相比，硬玉色彩十分丰富，作为宝石的价值很高。

硬玉的打磨石。在日本从绳文时代起就用于制作勾玉等装饰品。

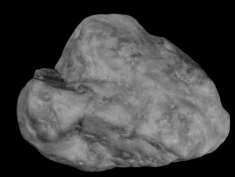

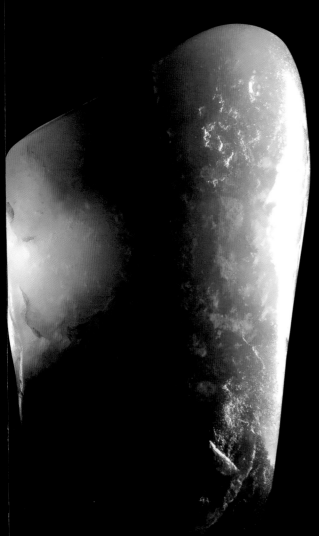

# 绿辉石 🏳 *Omphacite*

**颜色** 绿色~暗绿色　**条痕** 白色　**晶体** 单斜晶系
**组成** ( Ca,Na ) ( Mg,$Fe^{2+}$,Al,$Fe^{3+}$ ) $Si_2O_6$　**硬度** 5.5~6
**比重** 3.2~3.4　**解理** 二组完全　**光泽** 玻璃光泽
**产地** 美国、日本、俄罗斯等地

硬玉中的一部分钠被置换成钙，一部分铝被置换成镁和铁后就是绿辉石。绿辉石在高压火成岩和变质岩中产出间杂在硬玉、透辉石、霓石之间。日本丝鱼川产的绿色和蓝色的辉石属于绿辉石类，由于含有铁元素及钛元素，具有不同颜色。

绿辉石的打磨石。极少情况下也会产出黑色阳起石。

# 石英（水晶①）

| 颜色 无色~白色、黄色、粉色、绿色等 | 条痕 白色 | 晶体 三方晶系 | 组成 SiO₂ | 硬度 7 | 比重 2.7 |
| --- | --- | --- | --- | --- | --- |

解理 无　光泽 玻璃光泽　产地 美国、巴西、马达加斯加、瑞士、日本等地

石英是由硅酸构成的最普遍的矿物之一，一般作为玻璃的原料。其中溶于热液的硅酸在岩石缝隙中缓慢冷却生成的晶体称为水晶。六方柱状的透明晶体较多，晶体生长过程中混入了硅酸以外的不纯物质，因此有紫、黄、绿、粉等多种颜色，是非常受欢迎的宝石和装饰品。

水晶和石英在矿物学中是同一种物质，透明度较高的晶体称为水晶。

岩石的缝隙间成长的巨大的六方柱状无色透明晶体。

紫水晶打磨石。虽含有少量铁，铁的氧化状态稍有改变就会变成略带黄色的水晶。一个晶体内既有黄水晶又有紫水晶的称为紫黄晶。天然紫黄晶十分罕见。

巨大的水晶。玻璃和水晶的区别在于有无双折射，可用红外线吸收光谱进行判别是否是人工水晶。

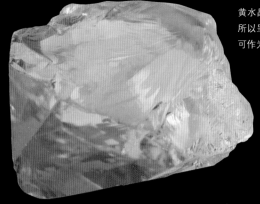

黄水晶。由于含有微量的铁离子（$Fe^{3+}$）所以呈黄色。紫水晶经加热后变为黄色，可作为黄水晶贩卖。

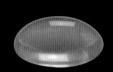

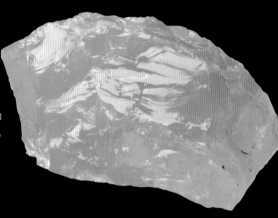

粉晶。由于含有微量的钛、铝、磷和纤细的针状金红石，所以呈现粉红色。长时间暴露在阳光下后，颜色会变淡。

图为茶晶（烟晶）。因含少量的铝和放射线的影响，形成如烟一般的茶色或者偏黑的颜色。

# 石英（水晶②）

*Quartz*

**颜色** 无色~白色、黄色、粉色、绿色等　**条痕** 白色　**晶体** 三方晶系　**组成** $SiO_2$　**硬度** 7　**比重** 2.7

**解理** 无　**光泽** 玻璃光泽　**产地** 美国、巴西、马达加斯加、瑞士、日本等地

水晶晶体在生长过程中，如果混入其他矿物，可生成草入水晶（发晶）和钛晶。水晶晶体有时会向上下两个方向生长，左右晶体有时会平行连生在一起生长。另外一旦晶体终止生长后再次生长，会形成幻影和权杖形状的晶体。

草入水晶（下和右）。晶体在成长过程中，会混入角闪石和电气石等细微矿物，在晶体内形成草的形状。

双端水晶。在自由的空间中横向生长，便可形成双端形水晶（有晶体面的一端一般叫头部）。

钛晶。晶体在成长过程中金红石针状晶体进入其中从而形成图中的形状。

幻影（幽灵）水晶。中途停止生长的水晶晶体经一段时间后再次生长会变成两段式晶体。这种状态留存在晶体内部。

权杖水晶。它与幻影水晶一样是两段式晶体结构，在晶体顶端又攀上了另一段晶体，看起来像权杖一样，因此得名。

日本律双晶。晶体根部互相交错，左右晶体相连呈心形生长（互相间以84°30′的角度相接）。最早发现于日本，故而得名。

41

# 石英（玉髓・玛瑙）

**颜色** 无色~白色、黄色、粉色、绿色等　**条痕** 白色　**晶体** 三方晶系　**组成** $SiO_2$　**硬度** 7　**比重** 2.7

**解理** 无　**光泽** 玻璃光泽　**产地** 美国、巴西、马达加斯加、瑞士、日本等地

细微的颗粒状或纤维状的半透明石英称为玉髓。在玉髓中含有氧化铁和黏土等有色矿物的不透明玉髓称为碧玉，断面呈条纹状的称为玛瑙。条纹平行的玛瑙有时被称为"条纹玛瑙"。

玉髓。在安山岩的缝隙间形成的钟乳状晶体。呈半透明状，基本看不到玛瑙一样的条纹。

玉髓是细微的柱状或粒状的石英集合体，根据构成成分不同，显示不同的颜色。颜色较均匀的就是玉髓。

晶体呈花瓣状的玉髓。

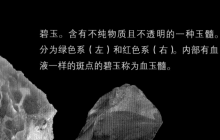

碧玉。含有不纯物质且不透明的一种玉髓。分为绿色系（左）和红色系（右）。内部有血液一样的斑点的碧玉称为血玉髓。

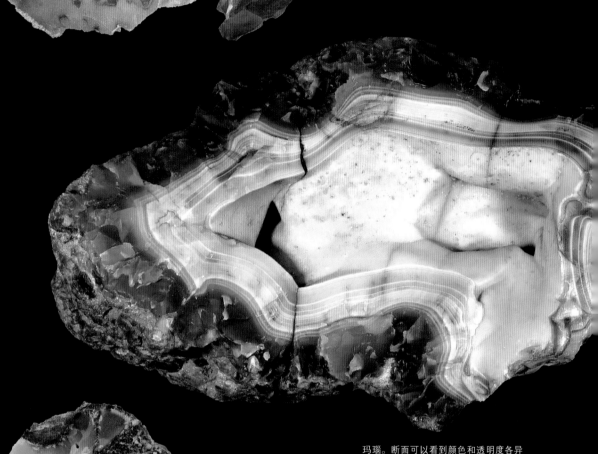

绿玉髓。因其含有微量的镍元素而呈绿色。可以制成绿玉髓宝石。

玛瑙。断面可以看到颜色和透明度各异的条纹状。内部有时会形成水晶。

专栏

## 变成玛瑙的市化石

含有硅酸的地下水浸入树木内部后置换成玛瑙和蛋白石的植物化石。这称之为硅化木。由于含有氧化铁，有时会呈现出鲜艳的红色。

在美国亚利桑那州发现的约2亿年前的树木演变成的硅化木（上）。通常硅化木的断面上的年轮会被保存下来（下）。鲜艳的硅化木可用作装饰和制作家具。

# 蛋白石（欧泊）

**颜色** 无色、白色、黄色、橙色、红色 **条痕** 白色 **晶体** 非晶质 **组成** $SiO_2 \cdot nH_2O$ **硬度** 6 **比重** 2.1
**解理** 无 **光泽** 玻璃光泽 **产地** 澳大利亚、墨西哥、埃塞俄比亚等地

含水的二氧化硅矿物。含二氧化硅的热液堆积在火山岩和沉积岩的缝隙间以沉淀物的形式产出。球状蛋白石根据其沉积方式的不同，呈现不同的颜色。这是由二氧化硅球体规律的排列引起的。墨西哥产的橙色蛋白石是在火山的熔岩中形成的，叫做火欧泊。另外澳大利亚产的欧泊经常可以在砂岩中看到。

乳蛋白石。拥有彩虹一般光芒的蛋白石称为欧泊。

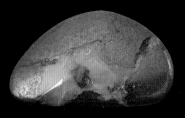

砾石欧泊。在岩石裂开处形成的蛋白石和围岩一起打磨后的产物称为砾石欧泊。

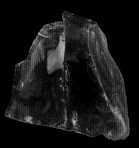

火欧泊。改变观赏方向，彩虹色也会发生改变，火欧泊具有这样的"色彩变化效果"，看起来仿佛跳动的火焰。

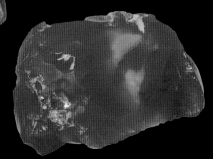

玉滴石，又称为玻璃欧泊。作为温泉沉淀物，玉滴石以砂砾为中心形成了球状蛋白石。日本富山县特产，被指定为日本国家天然纪念物。

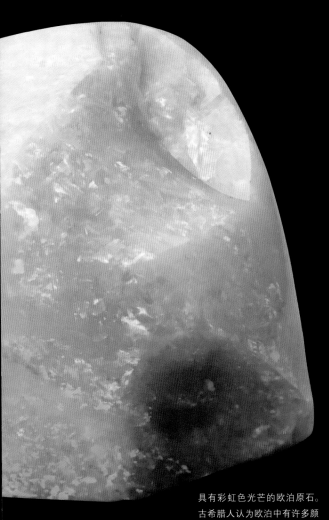

具有彩虹色光芒的欧泊原石。古希腊人认为欧泊中有许多颜色各异的宝石。

双壳贝（上）和海螺（下）欧泊化后形成的贝类化石。贝壳和软体部分溶解后的空洞里渗入蛋白石的成分后形成如图所示形状。

## 浸水保存的欧泊

从欧泊的化学式中也可看出它是由二氧化硅（$SiO_2$）和水（$H_2O$）组成的。水占全部质量的10%左右，干燥后欧泊会出现裂缝。因此必须频繁将其浸水、保存在水中。另外欧泊属于非晶质，不能受到冲击，需要小心保管。

浸水的欧泊

# 长石类

基本上所有岩石内都含有的一种重要造岩矿物，大约占地壳重量的60%。长石类矿物大约有20多种，分为以钠、钾为主要成分的碱性长石和以钠、钙为主要成分的斜长石类。碱性长石中，以钾为主要成分的钾长石中最有代表性的就是正长石和微斜长石；斜长石类中钠长石和钙长石最具代表性，根据所含钠和钙的不同，可细分为拉长石和奥长石。

## 正长石 ▶ *Orthoclase*

| 颜色 无色、白色、灰色、黄色、绿色 | 条痕 白色 |

晶体 单斜晶系　组成 KAISi₃O₈　硬度 6　比重 2.6

解理 二组完全　光泽 玻璃光泽　产地 遍布世界各地

以钾为主要成分，是构成花岗岩等深成岩的矿物。晶体呈四方柱状，双晶复杂，两个方向的解理面呈90°夹角。在伟晶花岗岩中以大型晶体的形式产出。月光石是正长石的变种，正长石和其内部所含的钠长石呈层状分布，发生干涉现象。因此月光石可以发出如月光般的青白色光芒。

带有猫眼效果的月光石，在印度被奉为神圣之石。

晶体为巴温诺双晶，呈四角柱状的正长石。

## 微斜长石 ▶ *Microcline*

颜色 淡蓝色　条痕 白色　晶体 三斜晶系　组成 KAISi₃O₈

硬度 6　比重 2.6　解理 二组完全

光泽 玻璃光泽　产地 遍布世界各地

以钾为主要成分，化学式和正长石相同。晶体也如同正长石一般，呈复杂的双晶状。两个方向的解理面与90°的正长石相比稍小，凭肉眼极难区分两种矿石。微斜长石中有一种青绿色的变种天河石，呈青绿色的原因在于内部含有铅元素，绿色较深的颜色和翡翠相近。

被称为天河石的微斜长石打磨石。英文名为amazonite。

# 奥长石 ▶ *Oligoclase*

| 颜色 | 无色、白色、灰色、青色等 | 条痕 | 白色 | 晶体 | 三斜晶系 |

颜色 无色、白色、灰色、青色等　条痕 白色　晶体 三斜晶系
组成 ( Ca,Na ) ( Si,Al ) $_4$O$_8$　硬度 6~6.5　比重 2.7
解理 二组完全　光泽 玻璃光泽　产地 芬兰、加拿大等地

奥长石中钠长石占70%~90%，钙长石占10%~30%，钠含量较多的斜长石。含赤铁矿和自然铜薄层的赤褐色奥长石被称为日光石。和月光石不同，日光石可反射强光，发出如太阳般耀眼的光芒。

被称为日光石的奥长石刻面。其中具有星光效果和猫眼效果的宝石十分稀少。

钠长石（右）共生正长石（左）。在正长石中常见。

# 拉长石 ▶ *Labradorite*

颜色 无色、白色、灰色、青色等　条痕 白色　晶体 三斜晶系
组成 ( Ca,Na ) ( Si,Al ) $_4$O$_8$　硬度 6~6.5　比重 2.7
解理 二组完全　光泽 玻璃光泽　产地 芬兰、加拿大等地

拉长石中钠长石占30%~50%，钙长石占50%~70%，含钙量大于含钠量。从玄武岩或辉长岩中产出。大多呈白色或灰色，极少的情况下会产出彩虹色的矿石。由于此类矿石发现于加拿大的拉布拉多地区，因此被命名为"拉长石"。拉长石内部有两种薄层重复构成，两种薄层有少量成分不同。在层与层之间由于光的干涉，所以才呈现出彩虹色。这种矿物的干涉色称为"拉长石晕彩"。

拉长石的刻面。由于晕彩效应，闪烁着彩虹一样的光芒。

# 青金石

**颜色** 深蓝色　**条痕** 亮蓝色　**晶体** 等轴晶系　**组成** ( Na,Ca )$_8$ ( AlSiO$_4$ )$_6$ ( SO$_4$,S,Cl )$_2$
**硬度** 5~5.5　**比重** 2.4　**解理** 无　**光泽** 玻璃光泽　**产地** 阿富汗、俄罗斯、阿根廷等地

从受到热变质作用的石灰岩中以密集纤细的块状出产的硅酸盐矿物。
晶体多呈块状，极少情况下会形成菱形十二面体的自形晶体。因含有
硫呈蓝色，和蓝方石、方钠石、黝方石一起构成青金石。青金石产于
变质岩、深成岩、火山岩中。能集中出产青金石的地区在世界上仅有
几处，因此是十分珍贵的矿物。金色的黄铁矿包裹在青金石中成为宝
石学中的"青金石"。

打磨后的青金石（上）
和加工成宝石的青金石
（左）。自古以来这种宝石
经丝绸之路传到日本，青
金石的装饰品现在也保存
在正仓院中。

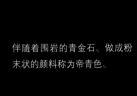

伴随着围岩的青金石。做成粉
末状的颜料称为帝青色。

# 绿松石

| 颜色 | 蓝色、蓝绿色 | 条痕 | 白色~淡绿色 | 晶体 | 三斜晶系 | 组成 | $CuAl_6(PO_4)_4(OH)_8 \cdot 4H_2O$ | 硬度 | 5~6 | 比重 | 2.6~2.8 |
|---|---|---|---|---|---|---|---|---|---|---|---|

| 解理 | 一组清楚 | 光泽 | 树脂光泽~玻璃光泽 | 产地 | 美国、伊朗、中国、墨西哥等地 |
|---|---|---|---|---|---|

含铜和铝的磷酸盐矿物。生成于含铜地表水和含铝、磷的岩石发生反应的地方。通常以块状和皮膜状产出，颜色呈宝石一般的蓝绿色。多孔质的属性使灰尘和油脂极易吸附其上，因宝石内部含有水分，加热干燥后颜色会发生改变。因此比较容易进行人工上色。

抛光后的绿松石。十二月诞生石。约在6000年前就用作装饰品。

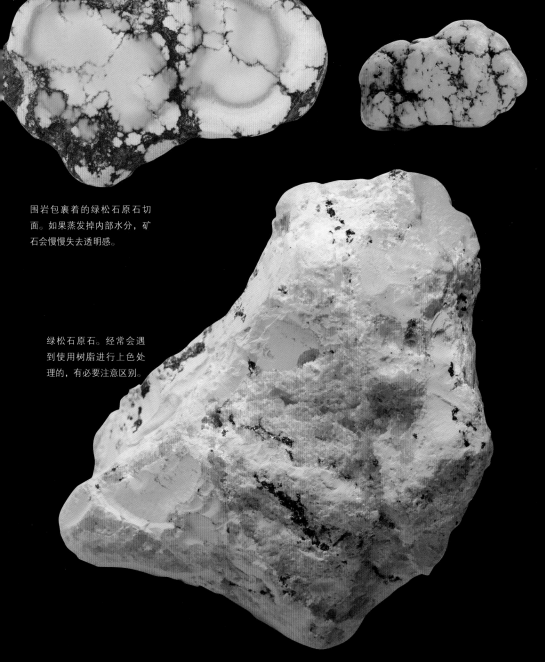

围岩包裹着的绿松石原石切面。如果蒸发掉内部水分，矿石会慢慢失去透明感。

绿松石原石。经常会遇到使用树脂进行上色处理的，有必要注意区别。

# 符山石

| | | | | | | | |
|---|---|---|---|---|---|---|---|
| **颜色** 绿色、黄色~褐色、红色、紫色等 | | **条痕** 白色~淡绿褐色 | | **晶体** 四方晶系 | | **组成** Ca$_{19}$(Al,Fe,Mn,Mg)$_{13}$(O,OH,F)$_{10}$Si$_{18}$O$_{68}$ | |

| | | | | |
|---|---|---|---|---|
| **硬度** 6.5 | **比重** 3.3~3.5 | **解理** 无 | **光泽** 玻璃光泽~树脂光泽 | **产地** 美国、俄罗斯、肯尼亚等地 |

被称为抹茶色的硅酸盐矿物。岩浆灌入石灰岩后生成的接触交代岩是其典型的产地。晶体常呈四方双锥和四方柱的聚形，有时也呈致密块状集合体。这种矿物色彩丰富，最常见的是绿色或褐色，内部含铁和钛。此外，鲜绿色的晶体含铬，粉红色的晶体含锰。由于含铜而使矿体呈蓝绿色的称为青符山石，黄绿色的块状矿体称为加州玉，可作为宝石使用。

晶体呈长柱状的符山石。

包裹在围岩中的符山石晶体。由于内部含铁，所以略呈黄色。最早在意大利的维苏威火山发现此矿石，因此也叫维苏威石。

# 鱼眼石

| 颜色 无色、白色、绿色、黄色、粉色等 | 条痕 白色 | 晶体 四方晶系 | 组成 $KCa_4Si_8O_{20}(F,OH)\cdot 8H_2O$ | 硬度 4.5~5 | 比重 2.3~2.4 |

解理 一组完全　　光泽 玻璃光泽~珍珠光泽　　产地 印度、加拿大、美国、巴西等地

含有钾、钙、氟、羟基的硅酸盐矿物。产于玄武岩、安山岩的空隙、伟晶花岗岩、热液矿床、接触交代矿床中。鱼眼石可分为含氟较多的氟鱼眼石、含羟基较多的羟鱼眼石，将钙置换为钠的钠鱼眼石。鱼眼石一般是指氟鱼眼石和羟鱼眼石的固溶体，无法从外观上区分几种鱼眼石。晶体呈四方双锥状、柱状还有板状和块状。柱面有纵纹，解理面有珍珠光泽。无色和白色的鱼眼石较多，也有黄色、绿色和粉红色的鱼眼石。

淡绿色鱼眼石晶体。白色部分为辉沸石。由于解理面如鱼眼一般散发珍珠一样的光泽故得名鱼眼石。

鱼眼石的透明晶体。透明度较高的鱼眼石可作为宝石，也可作为观赏性的装饰品。

白色鱼眼石。橙色部分为辉沸石。

# 变成矿物的树液——琥珀

远古时代的松树和杉树等树的树液变成化石后形成琥珀。虽说琥珀不是矿物是化石，但它是在地下经过漫长的自然变化慢慢演变形成的，因此也被归为矿物的同伴。琥珀内部有时会封进植物的叶子和昆虫，摩擦后会起静电。有一种形似琥珀，但由于质地较软不适合加工的树脂叫柯巴脂，和距今100万年以前生成的琥珀相比，柯巴脂生成于几万年前左右，时间较短，是比较脆弱的物质。

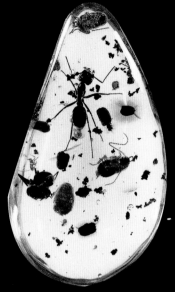

封进了蚂蚁的琥珀，也就是虫珀，虫珀中保存了远古生物的DNA，十分珍贵。

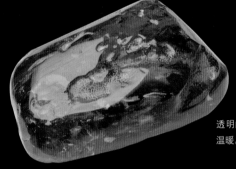

透明的琥珀。触感柔软温暖。

砂岩中的琥珀。晶莹的琥珀使得文学家宫泽贤治也在其诗作和短歌中吟咏它。

# 第 2 章

# 成为金属原料的矿物

# 金矿石·铂矿石

许多自然产生的金矿中含银，形成自然合金，又称银金矿。因此我们把金原子数大于银的金矿称为自然金。一般来讲自然金呈粒状，肉眼无法看到的情况较多，产出金块的情况十分罕见。金耐腐蚀性十分强大，电阻很低，由于金质地较软，多将其与其他金属一起制成合金。铂也同金子一样难以腐蚀，在高温下也无法溶解。由于其产量稀少散发着美丽的金属光泽，作为宝石饰品很受欢迎。

## 自然金

*Gold*

颜色 金色　条痕 金色　晶体 等轴晶系　组成 Au　硬度 2.5~3　比重 19.3
解理 无　光泽 金属光泽　产地 南非、俄罗斯、加拿大、美国等地

自然金在热液矿脉矿床、浸染型矿床、黑矿矿床、矽卡岩矿床中以初成矿物的形式产出。
在地表，其周围的岩石经风化作用和自然金分离，经流水搬运渐渐聚集在一起形成金砂。
在水中银会渐渐溶解，因此比起在矿脉中发现的金子相比，流水作用形成的金砂纯度更高。
通常以针状、树枝状、粒状产出，极少情况下也有以八面体、十二面体等形状产出的晶体。
颗粒相互聚集在一起，发现时有的金砂重一千克以上，而一般情况下一吨金矿石中只有几克到几百克的金砂。

呈丝状的自然金晶体。金子自古以来就作为货币和装饰品被使用。

围岩上的树枝状自然金。相对于经过两次沉积作用的沙金来说，矿脉中产出的被称为脉金。

## 自然铂 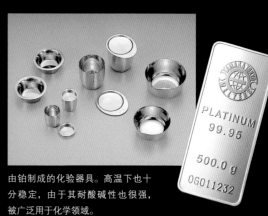 *Platinum*

**颜色** 银白色　**条痕** 铜灰色　**晶体** 等轴晶系　**组成** Pt
**硬度** 4~4.5　**比重** 21.5　**解理** 无　**光泽** 金属光泽
**产地** 俄罗斯、哥伦比亚、南非等地

铂元素矿物。辉长岩和橄榄岩经风化作用后与铬铁矿和磁铁矿一起在砂矿床中洗练出产。铂熔点较高，耐腐蚀性和耐摩擦性较好，除了由盐酸和硝酸构成的王水外不溶于任何酸。晶体通常呈粒状、块状和片状，极少情况下才能有立方体或八面体的单晶体。此外，正式元素名为铂，日本一般以外来语表示铂。和铂相似的铂族元素还有铑、钯、钌、锇、铱等，通常这些元素和铂一起产出。

沙金和铂。两种都是在岩石经风化作用后沉积的砂矿床中以粒状或块状产出。

由铂制成的化验器具。高温下也十分稳定，由于其耐酸碱性也很强，被广泛用于化学领域。

由铂精制而成的铂块（锭）。

## 针碲金银矿 *Sylvanite*

**颜色** 银白色、淡铜黄色　**条痕** 黄灰色　**晶体** 单斜晶系
**组成** $AuAgTe_4$　**硬度** 2　**比重** 8.1~8.2　**解理** 一组完全
**光泽** 金属光泽　**产地** 罗马尼亚、加拿大、澳大利亚等地

针碲金银矿、斜方金碲矿、白碲金银矿统称为金碲矿。在热液金银矿床中和自然金、银矿物一起产出。虽然它是金的重要资源矿物，但产量较少。

# 银矿石

银除了包含在银金矿的合金内，也会于热液矿床和石英脉中以硫化物形式存在。可以和多种金属一起制成优质合金。另外，其延展性优异、热导率较高、电阻较低，多用于工业制品。

银制的食器类。置于空气中表面会变成黑色的硫化银，需要勤加护理。

## 自然银 *Silver*

| 颜色 银白色 | 条痕 银白色 | 晶体 等轴晶系 | 组成 Ag | 硬度 2.5 | 比重 10.5 |
| --- | --- | --- | --- | --- | --- |

解理 无　光泽 金属光泽　产地 摩洛哥、美国、墨西哥等地

自然银主要产于热液矿脉中或含银矿床的氧化带中。自然银在矿石的缝隙中以须状或是树枝状产出。和自然金相比，自然银缺乏化学上的稳定性，会变成硫化银和氯化银，因此不会形成砂矿床，也不会产出砂银。

## 螺状硫银矿 *Acanthite*

颜色 黑色　条痕 黑色　晶体 单斜晶系（等轴晶系）
组成 $Ag_2S$　硬度 2　比重 7.2　解理 无　光泽 金属光泽
产地 墨西哥、澳大利亚、加拿大等地

辉银矿和螺状硫银矿拥有相同的化学式，在低温热液矿床中和黄铜矿以及方铅矿一起出产。生成时，如果温度达到175℃以上，结晶系会变为等轴晶系的辉银矿，如果没有达到175℃则会变成单斜晶系的螺状硫银矿。

围岩中的螺状硫银矿（箭头处）。

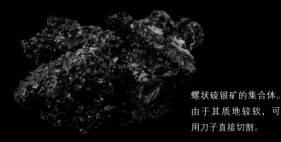

螺状硫银矿的集合体。由于其质地较软，可用刀子直接切割。

## 深红银矿 ◣ *Pyrargyrite*

颜色 深红色　条痕 红色　晶体 三方晶系　组成 $Ag_3SbS_3$　硬度 2.5　比重 5.9
解理 三组清楚　光泽 金刚光泽　产地 德国、墨西哥、西班牙等地

在热液矿脉中产出的银的代表性矿物。成分中的锑元素（Sb）被置换
成砷元素（As）的矿石被称为"淡红银矿"。以柱状、三角厚板状、皮
膜状产出。两种矿物长时间置于光下后都会变黑，淡红银矿更容易保
持住明亮的红色。两者互为固溶体，肉眼无法辨别所含成分究竟是哪
一种矿物。

## 脆银矿 ■ *Stephanite*

颜色 黑色、银色　条痕 铁黑色　晶体 斜方晶系　组成 $Ag_5SbS_4$
硬度 2~2.5　比重 6.3~6.5　解理 无　光泽 金属光泽
产地 美国、墨西哥、德国、日本等地

以银、锑、硫为主要成分的银矿石矿物。产于石英脉
等处，晶体多为柱状，双晶多为六方板状。柱面和底
面都有条纹。脆银矿因硬度较低且比较脆而得名。

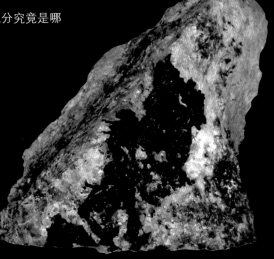

# 铜矿石①

铜的原生矿物包括黄铜矿、斑铜矿、辉铜矿等。自然铜和蓝铜矿既可以归为原生矿物又可归为次生矿物。纯粹的铜（自然铜）可以在地表上发现，并且极易处理，古时就开始被人类所利用。铜和银相同，电阻较低，导电性较好，此外产量也比银多。现在铜也是十分重要的金属。

智利的铜矿山

## 自然铜 *Copper*

**颜色** 赤铜色 **条痕** 赤铜色 **晶体** 等轴晶系 **组成** Cu
**硬度** 2.5 **比重** 8.9 **解理** 无 **光泽** 金属光泽
**产地** 美国、澳大利亚等地

自然产出的一种金属矿物。产出情况分为两种：一种是在玄武岩和变质岩内部最初以自然铜的形式生成，另一种为在铜矿床上部受地下水的作用，和孔雀石、赤铜矿一起产出。自然铜晶体呈立方体或是八面体，多为块状、片状、树枝状。产出时呈有光泽的赤铜色，放在空气中会被氧化成黑色或褐色，有时外表会附上一层绿色的碳酸铜。铜的延展性极强，柔软到可以用刀子直接切割。

## 赤铜矿 *Cuprite*

**颜色** 暗红色、红褐色 **条痕** 赤茶色 **晶体** 等轴晶系 **组成** $Cu_2O$
**硬度** 3.5~4 **比重** 6.2 **解理** 无 **光泽** 金刚光泽、半金属光泽
**产地** 刚果、美国等地

铜的含量约为90%，是铜的重要矿石矿物，产量较少。在铜矿床上部的氧化带中以次生矿物的形式生成。伴随着自然铜、孔雀石、蓝铜矿、黑铜矿等以块状或是粒状产出。外表呈鲜红色，闪烁着金刚光泽或是半金属光泽，晶体呈八面体或是立方体状。有时会形成针状或是纤毛状集合体，称为"毛赤铜矿"。

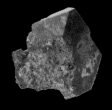

赤铜矿的晶体，在荧光灯下呈暗褐色，在白炽灯下呈鲜艳的红色。

## 斑铜矿 ⬛ *Bornite*

**颜色** 赤铜色　**条痕** 黑灰色　**晶体** 斜方晶系　**组成** $Cu_5FeS_4$
**硬度** 3　**比重** 5.1　**解理** 无　**光泽** 金属光泽
**产地** 美国、智利等地

由铜、铁、硫构成，其中铜的含量约为63%，是铜的重要矿物。在热液矿床、正岩浆矿床、层状含铜的黄铁矿矿床等处和辉铜矿、黄铜矿、黝铜矿等一起呈块状产出。极少情况下会形成立方体或菱形十二面体的自然晶体。产出时呈赤铜色，经长时间氧化后会变成色彩斑斓的蓝紫色斑状。

斑铜矿

## 黄铜矿 ⬛ *Chalcopyrite*

**颜色** 正铜色　**条痕** 黑绿色　**晶体** 四方晶系　**组成** $CuFeS_2$　**硬度** 4　**比重** 4.3
**解理** 无　**光泽** 金属光泽　**产地** 美国、塞尔维亚、秘鲁、日本等地

铜和铁的硫化矿物。赤铜矿中铜的含量大约为90%，与此相对，黄铜矿中铜的含量只有35%左右，但这种矿石广布世界各地，世界铜产量的90%出自黄铜矿中。在热液矿床、接触交代矿床、黑矿矿床、层状含铜的黄铁矿矿床等处和黄铁矿一起产出，主要呈块状大量产出。晶体多呈四面体、立方体、十二面体等，形成双晶的情况较多。黄铜矿和黄铁矿相似，都为黄色，但铜矿偏软，可根据这一点进行判别。如果长时间置于空气中，会锈成带黑色的锖色。

## 黝铜矿 ⬛ *Tetrahedrite*

**颜色** 灰色、黑色　**条痕** 黑色、褐色　**晶体** 等轴晶系
**组成** $(Cu,Fe,Zn)_{12}Sb_4S_{13}$　**硬度** 3.5　**比重** 5.1
**解理** 无　**光泽** 金属光泽　**产地** 秘鲁、墨西哥、瑞士等地。

铜矿石矿物。在热液矿床、接触交代矿床、层状含铜的黄铁矿矿床、黑矿矿床等处主要以块状产出。闪烁着黑色金属光泽，晶体呈正四面体。黝铜矿的化学式多变，含锑较多的称为黝铜矿，含砷较多的称为砷黝铜矿。铁、银、锌、汞、铋等元素含量丰富，难以用肉眼区分含锑黝铜矿和砷黝铜矿。

# 铜矿石②

铜的延展性良好，便于加工，可以广泛用于制作餐具、电灯泡、硬币等。另外黄铜和青铜的合金也是十分好用的材料。它不易生锈、便于加工，是现代生活中不可或缺的金属。

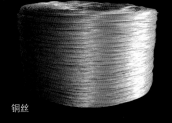

铜丝

## 铜蓝矿 *Covellite*

颜色 蓝色　条痕 灰黑色　晶体 六方晶系　组成 CuS
硬度 1.5~2　比重 4.7　解理 一组完全　光泽 半金属光泽
产地 美国、智利、意大利等地

铜的硫化矿物。除了在热液矿脉中生成的原生矿物外，也会以铜矿床的氧化带和火山气升华物的形式出产。含铜量高达66%，但由于产量极少，无法形成产业开采。多以块状和粒状产出，自形晶体呈较小的蓝色六方板状。由于铜蓝矿由黄铜矿演变而来，也有内部为黄铜矿只在外表附一层铜蓝矿的假象矿物。

## 辉铜矿 *Chalcocite*

颜色 灰色、黑色　条痕 灰色、黑色　晶体 单斜晶系
组成 $Cu_2S$　硬度 2.5~3　比重 5.5~5.8　解理 无
光泽 金属光泽　产地 美国、南非等地

成为制铜原料的硫化矿物。含铜量大约为黄铜矿的两倍，但产量极少。在热液矿床、变质矿床、黑矿床中以块状或土状产出。除此以外也有铜矿床受空气和水的作用后以次生矿物的形式出产的情况。散发浅灰色或是黑色的金属光泽，晶体呈柱状或是板状。

## 羟胆矾 *Brochantite*

颜色 绿色~蓝色　条痕 淡绿色　晶体 单斜晶系
组成 $Cu_4(SO_4)(OH)_6$　硬度 4　比重 4.0
解理 一组完全　光泽 玻璃光泽
产地 智利、阿尔及利亚等地

铜的含水硫酸盐矿物。产于铜矿床氧化带中的次生矿物，与孔雀石和蓝铜矿共生。晶体为针状或柱状的放射状集合体，也有形成板状双晶的情况。矿体多为深绿色或是蓝色，和孔雀石相像。溶于盐酸起泡的为孔雀石，溶于盐酸不起泡的为羟胆矾。

# 黑铜矿 ■ *Tenorite*

**颜色** 黑色　**条痕** 黑色　**晶体** 单斜晶系　**组成** CuO
**硬度** 3.5　**比重** 6.4　**解理** 无　**光泽** 金属光泽、土质光泽
**产地** 智利、纳米比亚等地

铜的一种氧化矿物。常见于铜矿床的氧化带
中，另外常与孔雀石、硅孔雀石、羟胆矾、
氯铜矿一起从火山的喷气孔中作为升华物产
出。产于铜矿床氧化带中的黑铜矿多呈块状，
而火山气的升华物生成的黑铜矿多为薄板状
晶体形成的树枝状集合体。

# 氯铜矿 ■ *Atacamite*

**颜色** 绿色　**条痕** 黄绿色　**晶体** 斜方晶系
**组成** $Cu_2(OH)_3Cl$　**硬度** 3~3.5　**比重** 3.8
**解理** 一组完全　**光泽** 玻璃光泽、金刚光泽
**产地** 美国、智利、秘鲁等地

铜的卤化矿物。在沙漠或是海岸等含有盐分
的铜矿床氧化带中，由黄铜矿演变而来的次
生矿物，也有的氯铜矿从火山气中升华而出
产于熔岩表面。除了呈块状、粒状之外，还
有条板状、柱状、纤维状晶体形成的集合体。
氯铜矿受铜元素的影响呈鲜绿色，又名盐绿
（《本草纲目》）。这种类型的铜矿具有包括氯
铜矿在内的三种同分异构体，肉眼无法区分。

# 铁矿石

铁的矿石矿物有磁铁矿、赤铁矿、菱铁矿、针铁矿等，其中最重要的是磁铁矿和赤铁矿。铁具有一定强度，比较容易加工，也可广泛地用于各种合金中，是用途最为广泛的金属。

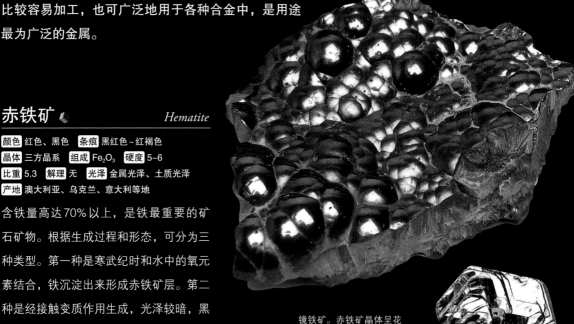

## 赤铁矿 *Hematite*

| 颜色 红色、黑色 | 条痕 黑红色~红褐色 |
|---|---|

**晶体** 三方晶系　**组成** $Fe_2O_3$　**硬度** 5~6
**比重** 5.3　**解理** 无　**光泽** 金属光泽、土质光泽
**产地** 澳大利亚、乌克兰、意大利等地

含铁量高达70%以上，是铁最重要的矿石矿物。根据生成过程和形态，可分为三种类型。第一种是寒武纪时和水中的氧元素结合，铁沉淀出来形成赤铁矿层。第二种是经接触变质作用生成，光泽较暗，黑色晶体呈鳞片状或是块状排列，称为"云母赤铁矿"。第三种是由火山气升华出，晶体面具有黑色金刚石般光泽的镜铁矿，观赏性强，十分受欢迎。

镜铁矿。赤铁矿晶体呈花状的集合体。镜铁矿被称为"铁玫瑰"。

## 针铁矿 *Goethite*

**颜色** 黄褐色、黑褐色　**条痕** 褐色　**晶体** 斜方晶系　**组成** FeO（OH）
**硬度** 5.5　**比重** 4.3　**解理** 一组完全　**光泽** 金刚光泽等
**产地** 美国、德国、日本等地

水合氧化铁形成的矿物。产于热液矿床、接触交代矿床、铁矿床的氧化带中。也有的针铁矿以黄铁矿的假象产出。晶体呈微细的针状或者由针状晶体组成的集合体，自形晶体十分稀少。芦苇等植物的根部周围长有水合氧化铁沉淀的细长筒状物，这也是针铁矿。针铁矿的英文名goethite来源于矿物学造诣极深的德国文豪歌德。大部分褐铁矿属于针铁矿，极少情况下也有纤铁矿等同分异构体。

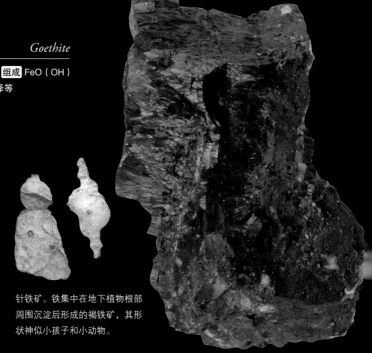

针铁矿。铁集中在地下植物根部周围沉淀后形成的褐铁矿，其形状神似小孩子和小动物。

呈菱形六面体状的菱铁矿晶体。

# 菱铁矿  *Siderite*

颜色 黄褐色　条痕 白色　晶体 三方晶系　组成 $FeCO_3$　硬度 4　比重 3.7~3.9　解理 三组完全
光泽 玻璃光泽~珍珠光泽　产地 意大利、德国、瑞士等地

铁的碳酸盐矿物。菱锰矿的锰置换成铁后就形成了菱铁矿。产于热液矿床、接触交代矿床、伟晶花岗岩等处，与石英、白云石、方解石、蓝铁矿等一起产出。晶体为菱形六面体的自形晶体，也有块状、颗粒状、葡萄状等。晶体呈透明状或半透明状，有白色、灰色、黄色、褐色等，置于空气中会由于氧化作用变为颜色暗淡的不透明状。

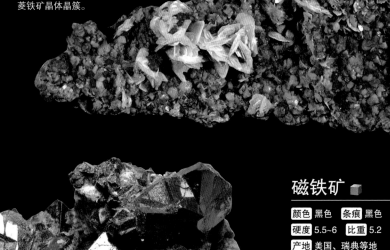

菱铁矿晶体晶簇。

# 磁铁矿 *Magnetite*

颜色 黑色　条痕 黑色　晶体 等轴晶系　组成 $Fe_3O_4$
硬度 5.5~6　比重 5.2　解理 无　光泽 金属光泽
产地 美国、瑞典等地

拥有较强的磁性，和赤铁矿一样都是制铁的重要矿物。除了产于正岩浆矿床和接触交代矿床外，也广泛产于河流和海底的砂铁床。具有黑色金属光泽，条痕也呈黑色。晶体为八面体或十二面体状，也有颗粒状或块状。根据有无磁性或者其条痕可区别赤铁矿和钛铁矿。因落雷或者其他不明原因，有时矿石的磁性会非常强，被称为天然磁石，可用做指南针。

## 专栏

## 磁铁矿风化后形成的铁砂

铁砂是含磁铁矿的岩石经风化作用后，经流水分离、搬运后沉积而成的。古时锻造日本刀的原料玉钢，就是由铁砂精炼而成的。

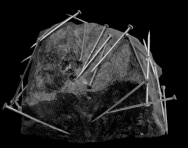

附着着铁钉的磁铁矿。和磁铁一样拥有强烈的磁性。

# 铅矿石

铅矿石主要在热液矿床中伴随着锌矿石一起产出。铅的熔点低，较易加工，因此从古时起就和金、铜一起被人类所利用。由于铅极易氧化，表面多为白色。铅的密度为铁的1.4倍，可用作放射线的吸收材料。

## 方铅矿　　　　　　　　　　　　　　　　*Galena*

| 颜色 铅灰色 | 条痕 铅灰色 | 晶体 等轴晶系 | 组成 PbS | 硬度 2.5 |

**比重** 7.6　**解理** 三组完全　**光泽** 金属光泽
**产地** 澳大利亚、德国、美国、墨西哥等地

含有87%左右的铅和13%左右的硫，是制铅的重要矿物。方铅矿中含有微量的银矿，有时可作银矿石利用。主要产于热液矿床、接触交代矿床、黑矿矿床等处，多与石英、闪锌矿、黄铜矿、黄铁矿一起出产。晶体为立方体或是八面体，拥有浅灰色的金属光泽。按立方体的方向可以形成极为完全的解理，解理面闪着银色光芒，长时间置于空气中会覆上硫酸铅膜。

## 白铅矿　　　　　　　　　　　　　　　　*Cerussite*

**颜色** 无色、白色　**条痕** 白色　**晶体** 斜方晶系
**组成** PbCO$_3$　**硬度** 3~3.5　**比重** 6.6　**解理** 二组清楚
**光泽** 金刚光泽~玻璃光泽
**产地** 澳大利亚、摩洛哥、纳米比亚等地

铅的次生矿物。在含有方铅矿的铅矿床氧化带中伴随着孔雀石、硫酸铅矿、青铅矿一起产出。晶体呈板状、柱状、锥状、针状，3个晶体连在一起形成轮状双晶。颜色为无色或者灰白色。折射率极高，散发强烈的金刚石光芒。外表与硫酸铅矿及石膏十分相像，向白铅矿浇上酸后会起泡溶解，可凭此点进行区别。

晶体呈柱状的白铅矿。白色（上）的情况较多，有时也会有麦芽糖色（右）矿体。

## 铅矾（硫酸铅矿） ◾ *Anglesite*

**颜色** 无色、白色、绿色、黄灰色　**条痕** 白色　**晶体** 斜方晶系
**组成** PbSO$_4$　**硬度** 6.4　**比重** 2.5~3.0　**解理** 一组完全
**光泽** 金刚光泽~油脂光泽　**产地** 澳大利亚、德国、法国、英国等地

铅的次生矿物。产于受到热液作用的铅矿床氧化带中，多由方铅矿演变而成，伴随着白铅矿或是石膏产出。除了无色和白色外还有麦芽糖色、黄色。多为皮膜状、块状，极少情况下也有板状或是柱状的自形晶体。

## 磷氯铅矿 ◾ *Pyromorphite*

**颜色** 绿色、褐色、黄色、灰色　**条痕** 白色　**晶体** 六方晶系　**组成** Pb$_5$(PO$_4$)$_3$Cl
**硬度** 4　**比重** 7.0　**解理** 无　**光泽** 树脂光泽
**产地** 澳大利亚、德国、法国、英国等地

铅的磷酸盐矿物，属于磷灰石类。产于含有方铅矿的金属矿床氧化带中的次生矿物，和孔雀石、异极矿、菱锌矿等一起产出。晶体为六方柱状，还有中间膨起的酒樽状、球状、肾脏状、纤维状等多种形状。多为绿色或黄绿色，也有黄色或是褐色。与砷铅矿（→p.140）外观相似，砷铅矿的黄色更明显，由于含有砷，加热后会散发出像大蒜一样的异味。

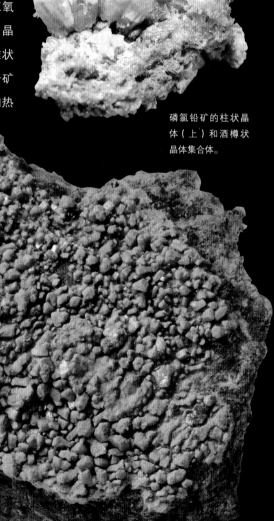

磷氯铅矿的柱状晶体（上）和酒樽状晶体集合体。

65

# 锌矿石

锌矿石常常和铅矿石一起混合出产，以前锌没什么用途，比铅的价值低。闪锌矿含有微量的锰和镉。锌的熔点较低、易加工并且防腐蚀性强，常与铁等耐腐蚀性较弱的金属一起使用。

镀锌加工后的铁钉。由于锌的作用不易生锈，和铁之间形成合金层，难以剥离。

## 闪锌矿 ■　　　*Sphalerite*

**颜色** 黑色、黑褐色　**条痕** 黄色、褐色　**晶体** 等轴晶系　**组成** ( Zn,Fe ) S
**硬度** 3.5~4　**比重** 3.9~4.1　**解理** 六组完全　**光泽** 金刚光泽、树脂光泽
**产地** 美国、秘鲁、波兰、西班牙等地

含有硫和铁，是锌的重要矿物。在热液矿床、接触交代矿床、黑矿床等处主要以块状产出，晶体为四面体或是十二面体的自形晶体。随着副成分的铁的含量变大，晶体会变为不透明的黑色。如果铁含量较少，晶体呈具有透明感的黄褐色或是白色，极少情况下也有绿色。透明的黄褐色闪锌矿在日本称为"玳瑁锌"，红褐色的称为红银矿，可切割成宝石欣赏。

伴随着围岩的闪锌矿黄褐色晶体。玳瑁锌得名于矿石的颜色。

锌矿晶簇，它的英文名起源于带有"欺骗"意思的希腊语"sphaleros"，意为"原以为是铅（被骗了）"。

水晶上的黑色闪锌矿晶体。含铁量较多的黑色闪锌矿被称为"铁闪锌矿"。

# 红锌矿

*Zincite*

颜色 黄色、橙色~红色　条痕 黄橙色　晶体 六方晶系　组成 ( Zn,Mn ) O
硬度 4　比重 5.6~5.7　解理 一组完全　光泽 半金刚光泽
产地 美国、意大利等地

锌的氧化矿物。在变质矿床等处伴随着锌铁尖晶石、方
解石、硅锌矿一起产出。极少情况下会形成六方锥状的
自形晶体，通常为块状或是粒状的半透明晶体，折射率
高，拥有半金刚光泽。呈鲜艳的红褐色的原因在于天然
出产的红锌矿内含锰，纯粹的锌和氧合成的红锌矿是无
色的。

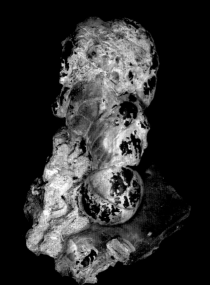

# 菱锌矿

*Smithsonite*

颜色 无色~白色、绿色等　条痕 白色　晶体 三方晶系　组成 ZnCO$_3$
硬度 4~4.5　比重 4.2　解理 三组清楚　光泽 玻璃光泽
产地 希腊、意大利、墨西哥等地

锌的碳酸盐矿物。菱锌矿是产于锌矿床氧化带的次生矿物，
和方解石还有菱锰矿晶体构造相同。晶体为菱面体，基本
为葡萄状、钟乳状等块状。纯粹的菱锌矿为无色或是白色，
如果含有不纯物质，晶体颜色会发生很大变化。如果含铜
则呈绿色，如果含钴则呈桃色，如果含镉则呈黄色。可根
据遇盐酸起泡这一特点和其他矿物进行区分。

# 铝矿石

铝占构成地壳元素的8%（重量）左右，数量仅次于氧和硅。作为铝的重要原料，铝土矿主要由三水铝矿构成。铝质量较轻，相对于其密度而言强度较大，是制造飞机等不可缺少的金属。精炼铝需要大量电力，因此又被称为"电块"。

铝箔（左）和铝罐（右）

## 三水铝石 *Gibbsite*

| 颜色 | 白色 | 条痕 | 白色 | 晶体 | 单斜晶系 | 组成 | $Al(OH)_3$ |

硬度 2.5~3.5　比重 2.4　解理 一组完全

光泽 玻璃光泽、珍珠光泽　产地 澳大利亚、巴西等地

由氢氧化铝构成，铝土矿的主要组成矿物。在热液矿脉、受热液变质作用的岩石或是含铝岩石经风化作用后形成。外观多样多彩，有白色、灰色、红褐色等，多为豆子一样的球状集合体。矿体内部板状晶体呈放射状。作为铝原料的铝土矿是以三水铝石为主的多种矿石的统称，并不是单指某种矿石。

团块状的三水铝石（上）和剖面（左）。由于含铁和锰，内部呈黑色。日本江户时代称其为"馒头石"。

带有黑色角岩的白色三水铝石。

# 镁矿石

占地壳组成元素2%左右的镁，主要集中在白云石和菱镁矿中。金属镁极易被氧化。另外在空气中加热后会发出强烈的光并且燃烧。由于作为轻金属合金原料十分优异，所以用途广泛。

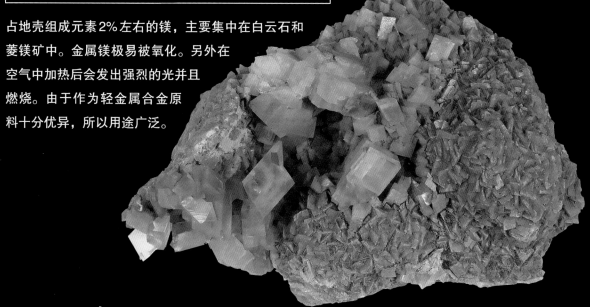

## 白云石 *Dolomite*

颜色 无色、白色、灰色、黄色、绿色、褐色　条痕 白色　晶体 三方晶系　组成 $CaMg(CO_3)_2$　硬度 3.5~4
比重 2.9　解理 三组完全　光泽 玻璃光泽　产地 意大利、德国、瑞士等地

由钙和镁构成的碳酸盐矿物。化学组成上位于方解石和菱镁矿之间，但原子排列与这些矿石不同，所以是独立的矿物。在热液矿床、接触交代矿床、沉积岩中伴随着方解石、菱铁矿等产出。晶体除了菱面体状外，还有菱面体集合体构成的鞍状晶体。颜色多为白色或是无色，如果含有铁元素则会变成黄色、黄褐色、绿色等颜色。

## 菱镁矿 *Magnesite*

颜色 无色、白色　条痕 白色　晶体 三方晶系　组成 $MgCO_3$
硬度 3.5~4.5　比重 3.0　解理 三组完全　光泽 玻璃光泽
产地 澳大利亚、巴西、美国等地

镁的碳酸盐矿物。作为蒸发岩的组成矿物，产于热液矿脉、矽卡岩矿床中。纯粹的菱镁矿为无色透明状，如果含有铁元素，会显示为褐色，被紫外线照射后会发出青色或绿色的荧光。有菱面体、块状、皮壳状、葡萄状集合体等多种形状。

## 水镁石（水滑石） *Brucite*

颜色 白色、灰色、淡绿色、黄色　条痕 白色　晶体 三方晶系
组成 $Mg(OH)_2$　硬度 2.5　比重 2.4　解理 一组完全
光泽 玻璃光泽~油脂光泽　产地 澳大利亚、美国等地

以镁为主要成分的氢氧化物。产于结晶片岩、蛇纹岩或者再结晶质石灰岩中。晶体呈白板状或是叶片状，解理面散发着独特的珍珠光芒。虽与滑石相似但却不属于滑石类，可根据水镁石溶于酸的特性进行判别。

# 锡矿石

以锡为主要成分的矿物种类很少，主要的锡矿石有锡石和黄锡矿。锡为白色或灰色金属，是人类史上最古老的金属之一。锡铜合金是制作青铜的原料，另外也用于铁或铜表面的镀锡和焊锡（铅锡合金）。

## 锡石 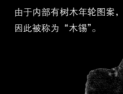  *Cassiterite*

| 颜色 | 褐色~黑色 | 条痕 | 淡黄褐色 | 晶体 | 四方晶系 | 组成 | $SnO_2$ |

**硬度** 6.5　**比重** 7.0　**解理** 无　**光泽** 金刚光泽、金属光泽
**产地** 英国、捷克、马来西亚等地

含锡量高达80%，是锡最重要的矿石矿物。多伴随着钨铁矿、毒砂、黄玉、白云母、石英、萤石等产于高温热液矿床、接触交代矿床、伟晶花岗岩等处。锡石多为黑褐色或是黄色，具有金刚光泽。晶体为短柱状、纤维状、块状，柱面晶纹发达。硬度和比重较大，比较耐风化。从矿床中分离出来的锡石作为砂锡进行沉积，最终形成砂矿床。

由于内部有树木年轮图案，
因此被称为"木锡"。

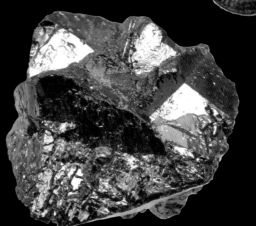

散发着锐利光泽的锡石集合体。
其中较优质的可被切割成宝石，
十分珍贵。

# 锂矿石

锂是密度最小的金属，比水还要轻。19世纪时发现于透锂长石中，现在锂辉石是锂的重要矿石矿物。锂非常柔软，可用刀切割。氧化还原电位也极低，可作为充电电池使用。南美洲的乌尤尼盐湖作为沉淀性锂矿床闻名于世，锂藏量位于世界第一。

位于玻利维亚的乌尤尼盐湖。世界上80%的锂都埋藏在湖底。

## 锂辉石 *Spodumene*

**颜色** 无色~白色、粉红色、绿色等　**条痕** 白色　**晶体** 单斜晶系
**组成** $LiAlSi_2O_6$　**硬度** 7~7.5　**比重** 3.2　**解理** 二组完全
**光泽** 玻璃光泽　**产地** 巴西、阿富汗、美国等地

以锂为主要成分的一种辉石（→p.36）。晶体呈柱状或是板状，柱面有许多纵纹。体积较大的锂辉石可产出10米以上的晶体。英文名来源于希腊语，原意为"燃烧后会变成灰烬"。

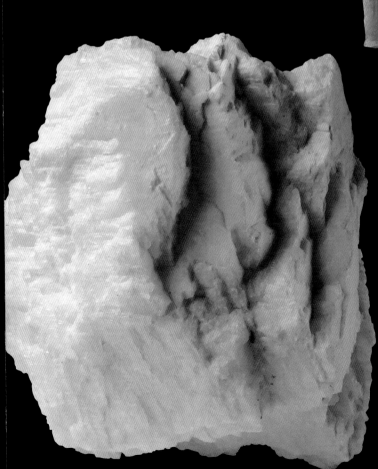

## 透锂长石 *Petalite*

**颜色** 无色、灰白色、淡粉色、淡绿色等
**条痕** 白色　**晶体** 单斜晶系　**组成** $LiAlSi_4O_{10}$
**硬度** 6~6.5　**比重** 2.3~2.5　**解理** 一组完全
**光泽** 玻璃光泽、珍珠光泽
**产地** 巴西、意大利等地

锂的重要矿石矿物，又叫"叶长石"。在锂含量较多的伟晶花岗岩中伴随着鳞云母、锂电气石、锂辉石、磷铝石等产出。晶体为柱状，自形晶体十分稀少，多呈块状产出。因和长石相似取名为透锂长石，但从化学式可以看出，透锂长石并不属于长石类。

# 锰矿石①

根据元素价数不同，矿物的颜色各异，二价锰主要为桃色、红色，三价锰为红褐色，四价锰则会变成黑色。锰单质非常脆，是制作合金时加强钢的强度及硬度不可或缺的重要金属。另外二氧化锰也可用于制作电池正极等。

锰干电池。二氧化锰可用于正极或是去极化剂。

## 软锰矿 *Pyrolusite*

颜色 黑色　条痕 黑色　晶体 四方晶系　组成 $MnO_2$
硬度 2~6.5　比重 5.0　解理 一组完全
光泽 金属光泽、土质光泽　产地 巴西、德国、美国等地

由二氧化锰构成的锰的重要矿物。除了由其他种类的锰矿石经风化作用生成外，也有些矿石在热液矿床、温泉、深海的沉淀物中伴随着水锰矿、钙锰矿、针铁矿等一起产出。晶体呈柱状、纤维状或针状，散发不透明的黑色金属光泽。含有不纯物质的土状锰矿硬度较低，较结实的晶体硬度可达6.5，比较坚硬。雨水侵入岩石缝隙中后，二氧化锰沉淀成蕨草叶子形状的矿石叫作树模石。但树模石也用来指其他矿物。

━━ 专栏 ━━

### 沉睡在深海中的锰结核

随着海底勘测技术的进步，近年来海底的真实形态越来越清楚地展现在我们面前。其中之一就是沉睡在水深4000~6000米处的锰结核。锰结核是由地底喷发的岩浆中所含的锰和海水中的氧结合沉积到海底形成的。锰结核是以二氧化锰为主要成分的黑色球块，铜、镍、钴等也包含在内。在太平洋地区，夏威夷群岛中地幔喷出点较多，关于未来如何开采的调查正在不断推进中。

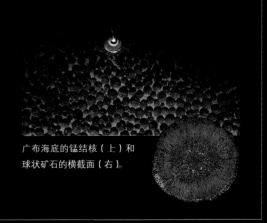

广布海底的锰结核（上）和球状矿石的横截面（右）。

# 菱锰矿

*Rhodochrosite*

颜色 粉色、红色　条痕 白色　晶体 三方晶系　组成 MnCO₃
硬度 3.5~4　比重 3.7　解理 三组完全
光泽 玻璃光泽~珍珠光泽　产地 美国、阿根廷、秘鲁等地

含锰的碳酸盐矿物，是十分重要的锰矿物。在热液矿床、变质锰矿床中伴随着石英、蔷薇辉石一起产出。除了呈块状外还有菱形六面体、钟乳状、犬牙状、叶片状的自形晶体。阿根廷产的条纹状菱锰矿价值较高，被称为印加玫瑰。美国科罗拉多州出产的菱镁矿虽说没有条纹花纹，但由于其颜色较深、透明感较好，被认定为顶级品质。与其他矿物混合后呈褐色块状的矿物称为干鲣鱼矿，广布于日本。

呈肾脏状集合体的菱锰矿。原本为鲜红色，但长时间置于户外会氧化变黑。

菱面晶体的集合体（左）和钟乳状晶体的断面（上）。菱锰矿晶体形状多样。

# 锰矿石②

锰矿作为资源的重要性自不必说，其色调还十分多样。以菱锰矿（→p.73）为首，还有被称为"巧克力矿"的黑锰矿，呈鲜绿色的方锰矿，这些都是具有较高标本价值的锰矿。

## 水锰矿 *Manganite*

颜色 暗灰色~黑色　条痕 褐色~黑色　晶体 单斜晶系　组成 MnO（OH）
硬度 4　比重 4.2~4.3　解理 一组完全　光泽 半金属光泽
产地 美国、加拿大、南非等地

水锰矿是由氢氧化锰组成的重要矿物，形成于比较低温的热液矿床、黑矿矿床、层状锰矿床等处，与地下水沉淀物相似。颜色在暗灰色与黑色间，纤细的柱状晶体平行成束聚集而成。晶体保持原形慢慢氧化有时会形成软锰矿。软锰矿条痕呈黑色，水锰矿条痕呈深褐色。

## 黑锰矿 *Hausmannite*

颜色 黑色~褐色　条痕 褐色　晶体 四方晶系　组成 Mn$_3$O$_4$　硬度 5.5
比重 4.8　解理 一向完全　光泽 半金属光泽
产地 俄罗斯、德国、瑞典等地

黑锰矿为重要的锰矿石。大多是在变质锰矿床、热液矿床中伴随着菱锰矿、粒硅锰矿、锰橄榄石、锰铁矿等呈块状或者粒状产出。自形晶体十分稀少，接近八面体。具有半金属光泽，因呈褐色块状被称为"巧克力矿"。自形晶体和磁铁矿相似，然而黑锰矿没有磁性，可通过褐色条痕来辨别。

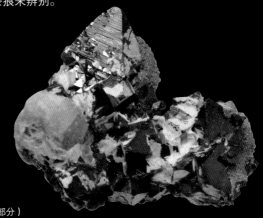

黑锰矿（左：褐色部分，右：黑色部分）

## 褐锰矿     *Braunite*

| 颜色 | 黑色 | 条痕 | 褐色 | 晶体 | 四方晶系 | 组成 | Mn$_7$(SiO$_4$)O$_8$ | 硬度 | 6~6.5 |

| 比重 | 4.8 | 解理 | 一组清楚 | 光泽 | 半金属光泽 | 产地 | 俄罗斯、德国、瑞典等地 |

含有少量硅酸，是重要的锰矿石，在变质锰矿床以及含锰量较多的热液矿床中伴随着石英、蔷薇辉石、赤铁矿、红帘石、黑锰矿、软锰矿等一起出产。形状多呈黑色颗粒团块，极少的情况下会形成细长的四方双锥状晶体。

褐锰矿（黑色部分）。
左下可以看到晶体形态。

## 方锰矿     *Manganosite*

| 颜色 | 绿色 | 条痕 | 褐色 | 晶体 | 等轴晶系 | 组成 | MnO | 硬度 | 5.5 |

| 比重 | 5.4 | 解理 | 无 | 光泽 | 玻璃~土 | 产地 | 美国、瑞典等地 |

方锰矿，绿色的锰矿。矿石中含有77.4%的锰，在所有锰矿中最多。然而由于该种矿石产量极少，因此它作为矿石的重要性较低。主要在锰矿床中和黑锰矿一起出产。多呈颗粒状或块状，出产时呈鲜绿色。极易被氧化，接触空气几天就会在表面形成一层黑褐色的锰氧化膜。

---

### 专栏

## 美丽的锰辉石晶体

锰辉石是1913年在美国发现的似辉石。它与蔷薇辉石在外形上十分相似，肉眼难以区分。另外，它们在化学组成上也十分相近。由鲜艳的红色颗粒状晶体组成，产量较少。由于晶体解理十分发达，很难切割成宝石。日本爱知县的田口矿山因出产大而美丽的晶体而闻名于世。

# 钴矿石

钴的磁性很强，纯粹的钴矿石呈银白色散发较强的金属光泽。除了用来合成强度高、耐热性较好的合金外，也是磁铁、充电电池、蓝色颜料（钴蓝色）等的原料。通过照射天然钴的中子便可生产出钴60，这种元素可以释放出γ射线，常用于医疗和农业领域中。

## 钴华　　　　　　　　　　　　　*Erythrite*

| 颜色 | 紫红色~粉红色 | 条痕 | 淡红色 | 晶体 | 单斜晶系 | 组成 | $Co_3(AsO_4)_2 \cdot 8H_2O$ |

硬度 1.5~2.5　比重 3.1　解理 一组完全　光泽 玻璃光泽、珍珠光泽

产地 摩洛哥、西班牙、澳大利亚等地

钴华为钴的砷化物或是含砷硫化物氧化后形成的次生矿物。多见于含钴或是镍的矿床上部的氧化带中，是寻找矿床的指标。颜色从深紫红色到桃色不等，散发着玻璃光泽或是珍珠光泽。柱状或针状晶体集结成放射状、平行四边形或是絮状。多数情况下，细小的晶体会聚集成土状或是薄膜状。钴置换了镍后就成了镍华，钴华与镍华为固溶体，有时矿体内也会含有大量镍，即使如此也有许多钴华呈粉红色。

钴华的柱状晶体。是含钴的辉钴矿等氧化后形成的。

桃色钴华。看起来仿佛是百花盛开在矿石中一般。

## 含钴方解石 ◀ *Cobaltian calcite*

| 颜色 | 粉色 | 条痕 | 粉红~白色 | 晶体 | 三方晶系 |
组成 (Ca,Co)CO$_3$　硬度 3~4　比重 3.0~4.1
解理 三组完全　光泽 玻璃光泽
产地 刚果、德国等地

方解石中，钙所占的位置中稍微混入了钴的矿物。大自然中，一般还是含钙量较多。含钴方解石通常为深红色到淡粉色之间，晶体形状明显的十分稀少，微粒子集结成球状或是薄膜状后才能发现。在含有硫化钴的矿床中经含碳酸根的雨水作用后形成。

粉红色的微粒子集结成薄膜状的含钴方解石。

## 辉钴矿 ■ *Cobaltite*

颜色 银白色、钢灰色　条痕 灰黑色　晶体 斜方晶系
组成 CoAsS　硬度 5.5　比重 6.3　解理 三组完全
光泽 金属光泽　产地 瑞典、加拿大等地

以钴、砷、硫为主要成分，是钴的重要矿物。在热液矿床、接触交代矿床等处伴随着黄铜矿、钙铁辉石、蔷薇辉石等一起产出。晶体除块状以外，还有带条纹的立方体、五角十二面体的粒状结晶，自形晶体极为稀少。晶体与黄铁矿相似，但辉钴矿具有泛红的银白色金属光泽，可据此点进行区分。由于风化作用，会生成紫红色的鲜艳钴华。

立方体晶体（上）和呈银白色的含辉钴矿的矿石（下）。

### 专栏

## 海底是富钴结壳的宝库

富钴结壳是与锰结核（→p.72）同样被重视的重要海底资源。1981年西德与美国共同在太平洋中西部进行了调查，根据调查结果，在水深800~2400米的海山周围发现了富钴结壳。与锰结核相同，富钴结壳是以锰和铁为主要成分的皮壳状集合体，含有钴和镍等。由于其含钴量极高因此得名为富钴结壳。有关日本的专属经济水域及其周围的调查正在不断推进，有望成为未来的能源进行利用。

像覆盖的岩石一样的富钴结壳（上）及其截面（右）。

# 镍矿石

镍是延展性丰富的银白色金属，可被用作电镀、记忆合金、不锈钢、铜镍合金、锌白铜等。红砷镍矿、镍黄铁矿等是镍的重要矿物。另外还有被称为硅镁镍矿的绿色镍硅酸盐矿物。

铜镍货币。50日元硬币和100日元硬币含25%的镍。

## 硅镁镍矿　　　　　　　　　　　　　　*Garnierite*

颜色 绿色　条痕 黄绿色　晶体 单斜晶系　组成 Ni$_3$Si$_2$O$_5$（OH）$_4$
硬度 2　比重 3.1　解理 不明　光泽 土质光泽
产地 菲律宾、新喀里多尼亚、南非、马达加斯加等地

硅镁镍矿指的是以镍为主要成分的镍蛇纹石、镍纤蛇纹石等蛇纹石类的矿物集合体构成的矿物。在新喀里多尼亚和菲律宾等热带地区的含镍蛇纹岩经风化作用形成。

※数据来源于硅镁镍矿的主要构成成分镍纤蛇纹石。

## 针镍矿　　　　　　　　　　　　　　*Millerite*

颜色 正黄色　条痕 黑绿色　晶体 三方晶系　组成 NiS　硬度 3~3.5　比重 5.4
解理 二组完全　光泽 金属光泽　产地 加拿大、澳大利亚、德国等地

矿如其名，针镍矿指多以针状产出的镍的硫化矿物。在热液矿床、正岩浆矿床、蛇纹岩、黑矿矿床等处伴随着石英、辉砷镍矿、方解石等一起产出。针状晶体呈放射状聚集在一起，散发出黄色或明黄色的金属光泽，条痕为绿黑色。在有些矿床中发现了大量的块状晶体，但这种情况不多见。比起作为矿物资源，更适合用来作为标本。

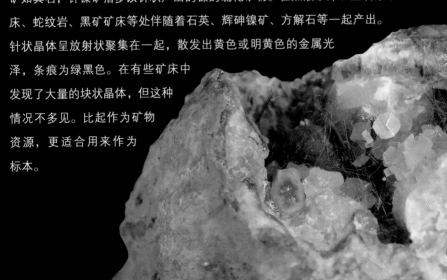

晶洞中可以看到针镍矿的针状晶体。

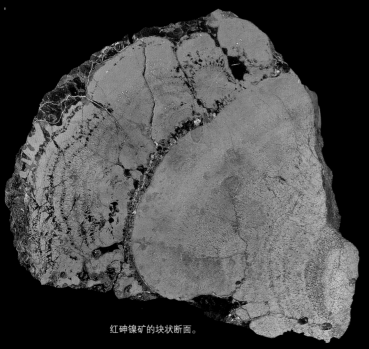

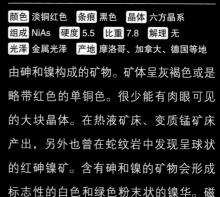

## 红砷镍矿 Nickeline

| 颜色 淡铜红色 | 条痕 黑色 | 晶体 六方晶系 |
| 组成 NiAs | 硬度 5.5 | 比重 7.8 | 解理 无 |
| 光泽 金属光泽 | 产地 摩洛哥、加拿大、德国等地 |

由砷和镍构成的矿物。矿体呈灰褐色或是略带红色的单铜色。很少能有肉眼可见的大块晶体。在热液矿床、变质锰矿床产出，另外也曾在蛇纹岩中发现呈球状的红砷镍矿。含有砷和镍的矿物会形成标志性的白色和绿色粉末状的镍华。磁黄铁矿和球状的镍矿物集合体十分相似，但磁黄铁矿更加柔软，表面没有镍华。

红砷镍矿的块状断面。

## 镍华 Annabergite

| 颜色 绿色~黄绿色 | 条痕 淡绿色~淡黄绿色 | 晶体 单斜晶系 |
| 组成 Ni$_3$(AsO$_4$)$_2$·8H$_2$O | 硬度 1.5~2.5 | 比重 3.2 |
| 解理 一组完全 | 光泽 玻璃光泽 | 产地 希腊 |

镍华是由镍砷化合物氧化后形成的次生矿物。多见于含镍或是钴的矿床上部，是寻找矿床的指标。晶体多比钴华还要小，除了呈细微的板状晶体集合体状外，也会以粉末状覆于岩石表面。晶体呈暗绿色或是淡绿色，如果含有与镍同量的钴，双方各带的颜色会相互溶合成灰色或是白色。

镍华晶体（绿色部分）。

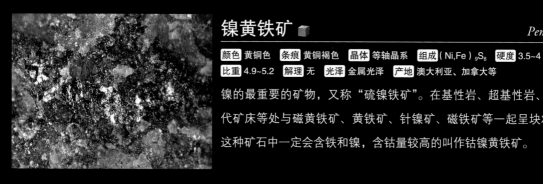

## 镍黄铁矿 Pentlandite

| 颜色 黄铜色 | 条痕 黄铜褐色 | 晶体 等轴晶系 | 组成 (Ni,Fe)$_9$S$_8$ | 硬度 3.5~4 |
| 比重 4.9~5.2 | 解理 无 | 光泽 金属光泽 | 产地 澳大利亚、加拿大等 |

镍的最重要的矿物，又称"硫镍铁矿"。在基性岩、超基性岩、接触交代矿床等处与磁黄铁矿、黄铁矿、针镍矿、磁铁矿等一起呈块状产出。这种矿石中一定会含铁和镍，含钴量较高的叫作钴镍黄铁矿。

# 钛矿石

钛和氧结合时的键能十分强大，所以天然存在的钛单质十分稀少。一般在形成钛铁矿、金红石后以化合物的形式被发现。钛质量轻又十分结实，用作合金时的耐腐蚀性仅次于铂。此外，钛镍合金具有即使变形后也能恢复原形的特性，也就是我们说的记忆合金。

## 锐钛矿 *Anatase*

| 颜色 褐色、黑色、深蓝色 | 条痕 无色~淡黄色 | 晶体 四方晶系 | 组成 $TiO_2$ |

硬度 5.5~6　比重 3.9　解理 二组完全　光泽 金刚光泽~半金属光泽
产地 挪威、瑞士、马达加斯加等地

钛的一种氧化矿物。在片麻岩热液矿脉以及伟晶花岗岩中伴随着板钛矿、金红石、石英、白云母等一起产出。初看像黑色，但实际上为青色透明状晶体，极少情况下会有红褐色矿体。晶体呈头部尖锐的四方双锥状，锥面多横纹。化学式和金红石及板钛矿相同，虽然同为氧化钛，但原子排列方式不同。

在岩石缝隙中长出的锐钛矿（右）及其脱落的晶体（左）。晶体呈两端尖锐的四方双锥状。

## 钛铁矿 *Ilmenite*

颜色 黑色　条痕 黑色　晶体 三方晶系　组成 $FeTiO_3$　硬度 5~6　比重 4.7
解理 无　光泽 金属光泽、半金属光泽　产地 俄罗斯、加拿大、斯里兰卡等地

含铁，是和金红石同样重要的钛矿石。在火成岩、变质岩、辉长岩、花岗岩及伟晶岩中伴随着方解石、绿泥石、普通辉石、石英、黑云母等矿物呈块状产出。此外也有的矿物产于经风化作用形成的砂床中。晶体呈六方板状，与赤铁矿相似，可根据条痕颜色进行区分。

和水晶共生的板钛矿板状晶体（黑褐色部分）。

## 板钛矿 ▪

*Brookite*

**颜色** 褐色~黑色 **条痕** 无色~淡黄色 **晶体** 斜方晶系 **组成** $TiO_2$ **硬度** 5.5~6 **比重** 4.1 **解理** 无 **光泽** 金刚光泽~金属光泽 **产地** 挪威、瑞士、日本等地

与锐钛矿一样，是由二氧化钛构成的矿物。在片麻岩中的热液矿床、伟晶花岗岩中和锐钛矿一起产出。晶体一般为板状晶体，也有呈八面体状的晶体。板钛石和锐钛矿、金红石组成相同，有时会从同一晶洞中出产，但是为什么分化成三种形态，至今还没有答案。

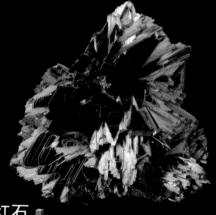

## 金红石 ▪

*Rutile*

**颜色** 红色、褐色、黑色、蓝色、绿色、紫色色 **条痕** 淡黄褐色 **晶体** 四方晶系 **组成** $TiO_2$ **硬度** 6~6.5 **比重** 4.2 **解理** 二组清楚 **光泽** 金刚光泽~金属光泽 **产地** 美国、瑞士、巴西等地

与钛铁矿均为产量较多的含钛重要矿物。多产于火成岩或是以石灰岩等为起源的变质岩中，含铁和铌。颜色为黄色，由于晶体反射率较高，看起来像金色。随着铁含量的增多，会逐渐变为褐色、黑色或是红色等。

## 榍石 ▪

*Titanaite*

**颜色** 无色~黄色~褐色、绿色、黑色、蓝色等 **条痕** 白色~淡褐色 **晶体** 单斜晶系 **组成** $CaTiSiO_5$ **硬度** 5.5 **比重** 3.5 **解理** 一组清楚 **光泽** 玻璃光泽、油脂光泽 **产地** 加拿大、澳大利亚、巴西等地

以钛为主要成分的硅酸盐矿物。在热液矿床、深成岩中作为副成分矿物产出。晶体呈板状或柱状，多为绿色、黄色或褐色。由于晶体形状和楔子相似又被称为"楔石"。切割晶体后会发出金刚光泽，是十分受欢迎的宝石。

# 钒矿石

钒为银白色金属，由钒铅矿、钒钾铀矿等钒酸盐矿物还原后精炼而成。钒酸盐矿物广布于构成地壳的沉积岩中，含钒量高的矿床屈指可数。钒与钢铁中的碳结合，细密地分散后可用作强化钢材的添加剂。

## 钒铅矿 ● *Vanadinite*

| 颜色 | 红色、橙色、黄褐色等 | 条痕 | 黄色 | 晶体 | 六方晶系 |

组成 $Pb_5(VO_4)_3Cl$  硬度 2.5~3  比重 6.9  解理 无

光泽 树脂光泽、金刚光泽  产地 墨西哥、摩洛哥等地

钒铅矿是属于磷灰石类的盐酸盐矿物，也被称为"褐铅矿"。在铅矿床的氧化带中和磷氯铅矿、白铅矿、硫酸铅矿等一起产出。晶体为六方的短柱状或是板状。根据化学式可知钒铅矿是将磷氯铅矿（→p.65）、砷铅矿（→p.140）中的磷或是砷置换成钒后形成的。

六方板状的晶簇。红色（上）或者黄褐色（下）晶体。

透明的黄褐色六方板状晶簇。

# 铬矿石

铬元素于18世纪在铬铅矿中被发现，由于在空气中性质稳定，经常用作电镀材料，也被用于制作不锈钢。根据价数或是晶体构造中结合状态的不同，颜色会有很大变化，三价铬为绿色或红色等，六价铬为橙色。祖母绿般鲜艳的绿色还有红宝石般耀眼的红色均是由于三价铬的存在。六价铬对人体有毒，其他价数的铬基本无毒。

## 铬铁矿 ◼ *Chromite*

**颜色** 黑色　**条痕** 黑褐色　**晶体** 等轴晶系　**组成** $FeCr_2O_4$　**硬度** 5.5~6　**比重** 4.4~5.1
**解理** 无　**光泽** 金属光泽　**产地** 加拿大、土耳其、南非等地

铬铁矿是铬和铁的氧化矿物，多数情况下也含镁。在地下深处的超基性岩浆中形成后沉积，在地壳内部渐渐冷却后形成铬铁矿层。大多数在橄榄岩、蛇纹岩中以层状或是凸镜状产出，八面体的自形晶体十分稀少。与黑色不透明的磁铁矿类似，条痕略呈褐色，可根据磁力略弱于磁铁矿来进行判别。

铬铅矿晶体。因含六价铬而呈橙红色。

## 铬铅矿 ◼ *Crocoite*

**颜色** 红色、橙色　**条痕** 黄色~橙黄色
**晶体** 单斜晶系　**组成** $PbCrO_4$　**硬度** 2.5~3
**比重** 6.0　**解理** 一组清楚　**光泽** 玻璃光泽~金刚光泽
**产地** 澳大利亚、俄罗斯等地

铅的铬酸盐矿物。方铅矿在含铬母岩中分解后产生的次生矿物，铅的矿脉进入到围岩中只能在铅、铬、氧都具备的氧化带形成。矿体呈鲜艳的红色~橙色，较脆，易风化，暴露在光下后会逐渐失去鲜艳的颜色和光泽。由于铬铅矿十分脆弱，不能加工成装饰品，只能做观赏用。

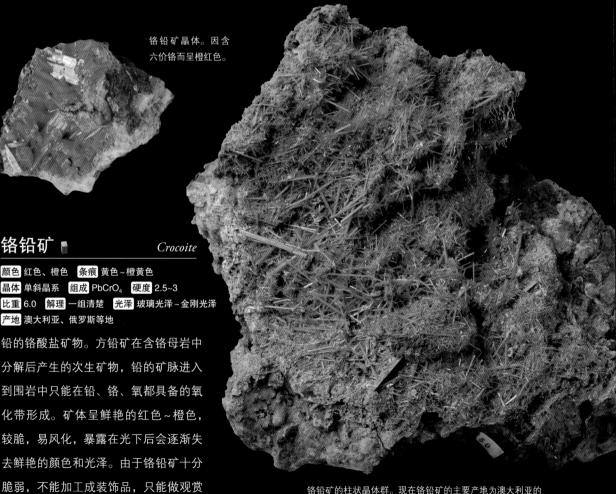

铬铅矿的柱状晶体群。现在铬铅矿的主要产地为澳大利亚的塔斯马尼亚岛，在此岛上发现铬铅矿前，铬铅矿为稀有矿物。

# 锶矿石

锶是一种较柔软的银白色碱土类金属。在空气中经氧化作用变成灰色。由于焰色反应中呈鲜红色，多用于制作烟花，也用于合成铁酸盐和高温超导体的材料。

## 菱锶矿（碳锶矿） *Strontianite*

颜色 红色、灰色、黄色等　条痕 白色　晶体 斜方晶系　组成 $SrCO_3$
硬度 3.5　比重 3.8　解理 一组基本完全　光泽 玻璃光泽
产地 英国、德国等地

菱锶矿是锶的重要碳酸盐矿物。在石灰岩中的矿脉、岩球、热液矿床中和方解石、重晶石、天青石、石膏等一起产出。晶体多为针状集合体呈放射状排列或是呈六方柱状，大的自形晶体十分少见。在紫外线下会发出青绿色的荧光。含钙和钡，和霞石与毒重石构成部分固溶体。

## 天青石 *Celestine*

颜色 无色~淡蓝色、白色、红色、绿色、褐色　条痕 白色
晶体 斜方晶系　组成 $SrSO_4$　硬度 3~3.5　比重 4.0
解理 一组完全　光泽 玻璃光泽
产地 马达加斯加、波兰、美国等地

锶的硫酸盐矿物。在沉积岩、热液矿床和石膏、白云石、自然硫等处呈厚板状晶体或是纤维状晶体出产。马达加斯加泥灰岩中生成的天青石十分有名。由于矿体十分脆弱，在保管上要格外留意。

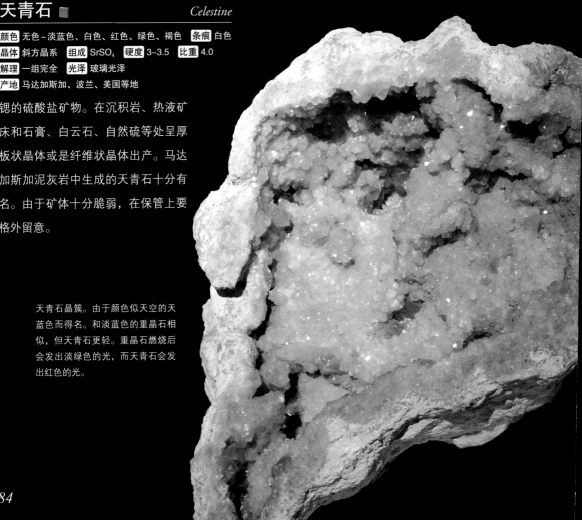

天青石晶簇。由于颜色似天空的天蓝色而得名。和淡蓝色的重晶石相似，但天青石更轻。重晶石燃烧后会发出淡绿色的光，而天青石会发出红色的光。

# 钇矿石

钇是一种稀土类元素，是散发着银色光泽的金属。在空气中被氧化后会在矿体表面形成一层皮膜。可通过精炼硅铍钇矿、磷钇矿等得到。钇的氧化物在碰到电子后会发出荧光，以前常用作彩电的红色荧光体，现在被用作激光、高温超导体的材料。

彩电放大后的照片。红、绿、蓝色的荧光体有序排列着。

## 硅铍钇矿 *Gadolinite-（Y）*

**颜色** 黑色、暗红色、褐色、带绿色　**条痕** 黑色　**晶体** 单斜晶系
**组成** $Y_2FeBe_2Si_2O_{10}$　**硬度** 6.5~7　**比重** 4.4　**解理** 无
**光泽** 玻璃光泽~油脂光泽　**产地** 挪威、美国、日本等地

含钇、铈等稀土类元素的硅酸盐矿物。在伟晶花岗岩中和萤石、褐帘石等一起呈块状产出。也有的晶体呈粒状或柱状。铀、钍含量较多的硅铍钇矿带有放射性。化学家加德林在硅铍钇矿中发现了新元素钇。

## 褐钇铌矿 *Fergusonite-（Y）*

**颜色** 黑色、黑褐色、黄褐色　**条痕** 褐色　**晶体** 四方晶系
**组成** $YNbO_4$　**硬度** 6　**比重** 5.5　**解理** 无
**光泽** 树脂光泽、玻璃光泽、半金属光泽
**产地** 加拿大、马达加斯加、瑞典等地

以钇和稀有金属铌为主要成分的氧化矿物。在伟晶花岗岩中伴随着石英、钾长石、黑云母等呈前端尖锐的四方柱状晶体产出，有时也会出现块状晶体。断面呈现出如树脂一般的柔软光泽，但由于钍和铀元素含量较多、放射性强，导致晶体构造变化成非晶质。

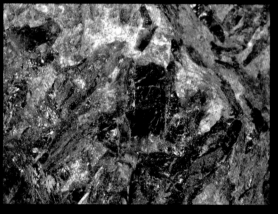

有着黑色树脂光泽。所含铀和钍发出的放射线导致晶体构造破坏，变成非晶质。

砂矿中的褐钇铌矿。名字来源于苏格兰矿物学者罗伯特·弗格森。

85

# 钼矿石

钼为较硬（硬度5.5）的银白色金属。钼没有元素矿物，辉钼矿为最重要的钼矿石矿物。钼矿石可用于制造钼钢等特殊合金，由于二硫化钼具有较高的固体润滑作用，可用作润滑剂。

## 辉钼矿　　　　　　　　　　　　　　　　　*Molybdenite*

颜色 铅灰色　条痕 带青铅灰色　晶体 六方晶系　组成 $MOS_2$
硬度 1~1.5　比重 4.8　解理 一组完全　光泽 金属光泽
产地 美国、澳大利亚等地

辉钼矿含有60%左右的钼，是最重要的钼矿石矿物。多在热液矿床、接触交代矿床、斑岩铜矿床、伟晶花岗岩中伴随着石英、黄铁矿、钨铁矿、白钨矿等一起产出。晶体呈六方板状、柱状、云母状、鳞片状。矿体非常柔软，可用指甲造成划痕，也可用手指直接弯曲。

## 钼铅矿　　　　　　　　　　　　　　　　　*Wulfenite*

颜色 橙色、黄色、红色　条痕 白色　晶体 四方晶系　组成 $PbMoO_4$　硬度 2.5~3　比重 6.7~7.0
解理 二组清楚　光泽 金刚光泽、树脂光泽　产地 摩洛哥、墨西哥等地

铅的钼酸矿物。在含铅和钼的金属矿床氧化带中和磷氯铅矿、白铅矿等一起产出。晶体为薄板状，本身为无色晶体，但如果混入铬和钒后会变成黄色和褐色。产量很少，因此作为钼矿石矿物的重要性较低，具有很好的收藏价值。

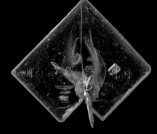

黄色扁平状的钼铅矿自形晶体（上）和钼铅矿的晶簇（下）。

# 锑矿石

锑为银白色的半金属，极脆。辉锑矿和辉铁锑矿是锑的重要矿石矿物。此外车轮矿、黝铜矿中也含有较多的锑。古时起铅锑制成的活字合金就被广泛运用于印刷。在现代由于其含有毒性被控制使用。由于三氧化锑难以燃烧，现在用于制作家电的塑料部分和窗帘的制作。

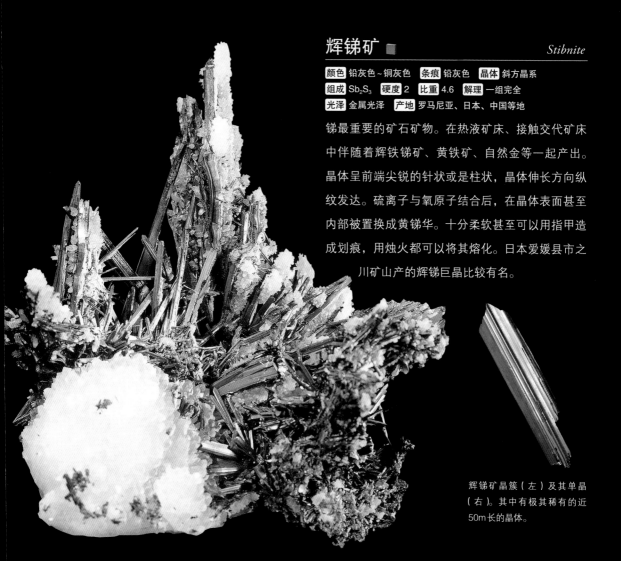

## 辉锑矿 ■ *Stibnite*

**颜色** 铅灰色~铜灰色 **条痕** 铅灰色 **晶体** 斜方晶系
**组成** $Sb_2S_3$ **硬度** 2 **比重** 4.6 **解理** 一组完全
**光泽** 金属光泽 **产地** 罗马尼亚、日本、中国等地

锑最重要的矿石矿物。在热液矿床、接触交代矿床中伴随着辉铁锑矿、黄铁矿、自然金等一起产出。晶体呈前端尖锐的针状或是柱状，晶体伸长方向纵纹发达。硫离子与氧原子结合后，在晶体表面甚至内部被置换成黄锑华。十分柔软甚至可以用指甲造成划痕，用烛火都可以将其熔化。日本爱媛县市之川矿山产的辉锑巨晶比较有名。

辉锑矿晶簇（左）及其单晶（右）。其中有极其稀有的近50m长的晶体。

## 辉铁锑矿 ■ *Berthierite*

**颜色** 铜灰色~铁黑色 **条痕** 黑褐色 **晶体** 斜方晶系 **组成** $FeSb_2S_4$
**硬度** 2~3 **比重** 4.6 **解理** 一组良好 **光泽** 金属光泽
**产地** 捷克、日本、罗马尼亚、中国、加拿大等地

含铁和锑的硫化矿物。多在热液矿床中与辉锑矿共生，以块状和粒状产出。晶体为针状或纤维状，散发钢灰色的金属光泽。置于空气中后会氧化，表面呈现紫褐色的锈色，根据此点可以与辉锑矿区分开来。由于含铁较多，因此矿石中的锑的比例相对较低。

# 碲矿石

碲是极稀少的元素，产量极少。除了自然产出的单质碲外，还有碲金矿、针碲金矿等矿物。焰色反应为淡绿色，含碲的有机化合物会发出强烈的异味，但天然碲是无味的。具备置于光下可导电的特性，可用于制作光盘和太阳能电池。此外碲和铋的化合物有吸收热量的特性，因而被用作冷却器。

## 自然碲 ◢ *Tellurium*

| 颜色 锡白色 | 条痕 灰色 | 晶体 三方晶系 | 组成 Te |
| --- | --- | --- | --- |
| 硬度 2~2.5 | 比重 6.2 | 解理 三组完全 | 光泽 金属光泽 |
| 产地 美国、日本等地 | | | |

自然碲是极为稀少的元素矿物。碲一般以与金、银、铅、铋等的化合物的形式或是以碲石等氧化物的形式面世，天然生成的碲十分珍稀。在热液矿床中和自然金、碲银矿、针碲金矿等一起产出。晶体为散发强烈金属光泽的银白色针状或柱状晶体。在空气中被氧化后会生出锈色的被膜。

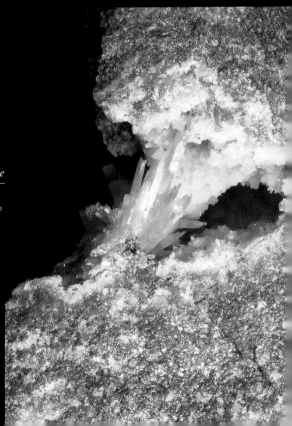

## 黄碲矿 ■ *Tellurite*

| 颜色 无色、白色、黄色、橙色 | 条痕 白色 | 晶体 斜方晶系 | 组成 $TeO_2$ |
| --- | --- | --- | --- |
| 硬度 2 | 比重 5.8 | 解理 一组完全 | 光泽 半金刚光泽 |
| 产地 墨西哥、日本等地 | | | |

碲的氧化矿物。黄碲矿产于含有碲矿物的热液矿床氧化带中，为自然碲、碲化矿物中针碲金矿、碲金矿的次生矿物。与副黄碲矿、碲铁石、水碲铁石等次生矿物一起共生，产量极少。晶体为淡黄色的板状或是柱状，也会以薄薄的一层薄皮膜状出现。

# 钡矿石

钡是坚硬的银白色碱土类金属，重晶石是钡最重要的矿石矿物，毒重石也是含钡量较多的矿石矿物。钡置于空气中会被氧化成灰色。钡的焰色反应呈绿色，可用于制作烟花。钡具有X射线难以通过的性质，因此难以被人体吸收的硫酸钡被用做X光片的造影剂。

## 重晶石 ■ *Barite*

颜色 白色、无色、淡黄色、淡蓝色　条痕 白色　晶体 斜方晶系
组成 $BaSO_4$　硬度 2.5~3.5　比重 4.5　解理 三组完全
光泽 玻璃光泽　产地 德国、土耳其、美国等地

钡的重要矿石，是无水硫酸盐的代表性矿物。在黑矿矿床和热液矿床中和方铅矿、闪锌矿、萤石等一起出产。另外在温泉沉淀物和沙漠的地下呈花瓣状生长，形成菱形板状、柱状、纤维状、块状、钟乳状、叶片状、花瓣状的晶簇。在中国台湾北投温泉中发现了重晶石的变种北投石。北投石含有少量铅，有少许放射性。

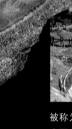

被称为北投石的是一种重晶石（左）。产于中国台湾北投温泉还有日本秋田县的玉川温泉（上）。

## 毒重石 ■ *Witherite*

颜色 无色、白色、淡黄色　条痕 白色　晶体 斜方晶系　组成 $BaCO_3$　硬度 3~3.5
比重 4.3　解理 一组清楚　光泽 玻璃光泽　产地 美国、英国等地

毒重石由碳酸钡构成，是热液矿床中继重晶石后产量最大的钡矿物。由于可溶于酸，进入体内可导致人体中毒。晶体除了呈肾脏状、葡萄状外还有六方短柱状的双晶。颜色为无色、白色、灰色，加热或是照射紫外线后会发出荧光。和霰石拥有相同的晶体构造，外观也极为相似，可根据毒重石比重较大来进行判别。

# 铈矿石

铈是地壳中含量最多的稀土类元素。铈的主要矿石矿物为独居石，多数情况下也同时含有其他元素。易氧化，化合物可用于研磨剂。此外氧化铈可以强烈吸收紫外线，因此铈也被用于墨镜和化妆品中。

## 独居石

*Monazite-（Ce）*

颜色 黄色~红褐色、白色、灰色　条痕 白色~淡褐色　晶体 单斜晶系　组成 $CePO_4$
硬度 5~5.5　比重 5.1　解理 一组清楚　光泽 玻璃光泽~树脂光泽
产地 巴西、挪威等地

独居石是以稀土类元素为主要成分的磷酸盐矿物，一般含有较多的铈元素。在伟晶花岗岩、片麻岩等处和锆石、磷钇矿、磁铁矿、铌铁矿等一起产出。晶体多为板状或柱状，褐色稍具透明感。因含有铀和钍具有放射性，可将周围的长石变红、石英变黑。独居石比重较大难以分解，但经风化作用后，可从岩石中分离，在河流和海洋中沉积。

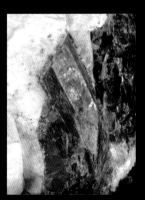

伟晶岩中的独居石（褐色部分）。

与红柱石共生的独居石（箭头所指）。难以分解，由于比重较大岩石经风化作用后也能残留下来。将残留部分收集起来可用于制作打火机的引火材料或者是陶瓷器的着色剂。

# 钨矿石

钨的熔点约为3400℃，是熔点最高的金属。纯粹无杂质的钨十分柔软，高温下也可以保持硬度，耐热性较好，可用于超硬合金（钨、碳再加上钴）和电灯的灯丝。

## 白钨矿  *Scheelite*

**颜色** 无色~黄褐色　**条痕** 白色　**晶体** 四方晶系　**组成** $CaWO_4$
**硬度** 4.5~5　**比重** 6.1　**解理** 四组清楚
**光泽** 玻璃光泽~金刚光泽　**产地** 美国、中国、韩国等地

钨的一种重要的矿石矿物。在热液矿床、接触交代矿床等处和钨铁矿、锡石、石英、石榴石、钙铁辉石等一起产出。颜色丰富，有白色、无色、黄灰色、褐色等。晶体除了呈块状外，还有四方双锥状，有时会形成双晶。块状晶体和石英类似，可根据白钨矿经短波长紫外线照射后发出青白色荧光的特性进行判别。

## 钨铁矿 ▪ *Ferberite*

**颜色** 黑色~黑褐色　**条痕** 黑色　**晶体** 单斜晶系　**组成** $FeWO_4$
**硬度** 4~4.5　**比重** 7.5　**解理** 一组完全
**光泽** 半金属光泽、金刚光泽　**产地** 卢旺达、波利维亚、中国等地

和钨锰矿形成固溶体，主要在热液矿床、伟晶岩中和黄玉、锡石、白钨矿等一起产出。钨铁矿较重，耐风化，也在花岗岩地域中的砂矿床中出产。晶体呈短柱状或是板状。铁和锰可以轻易相互置换。铁的比例多于锰时称为"钨铁矿"，如果二者比例均等则称为"钨锰铁矿"。

## 钨锰矿 ▪ *Hübnerite*

**颜色** 黄褐色、红褐色　**条痕** 黄褐色　**晶体** 单斜晶系　**组成** $MnWO_4$
**硬度** 4~4.5　**比重** 7.2　**解理** 一组完全
**光泽** 半金属光泽、金刚光泽、树脂光泽
**产地** 葡萄牙、秘鲁、美国等地

含铁量较少、含锰量较多的钨酸盐矿物。产于热液矿床和变质锰矿床等处。和钨铁矿相比，产量不是很多。含铁量较少的钨锰矿呈半透明状，内部反射的原因使晶体微呈红褐色，晶体伸展的方向有柱状纵纹。

# 汞矿石

含水银（汞）的矿石矿物有硫汞锑矿、橙汞矿等。最重要的原料为自然汞和辰砂。水银是常温常压的环境下唯一不会凝固的金属元素。其热膨胀率高，与铊以及铅的合金可以制作汞齐，以前也常用于日常生活中。由于其毒性较强在现代水银被控制使用。

## 自然汞 　　　　　　　　　　　　　　　　　　　*Mercury*

**颜色** 银白色 　**条痕** 无 　**晶体** 非晶质 　**组成** Hg 　**硬度** —— 　**比重** 13.6 　**解理** 无
**光泽** 金属光泽 　**产地** 美国、西班牙等地

自然汞虽为金属，但却有常温下为液态的特殊属性，是水银的重要元素矿物，呈水滴状附着在低温热液矿床和变质锰矿床等矿石表面的空隙中。基本上与辰砂共生，毒性极强。在约−40℃的时候形成三方晶系晶体。自然汞容易和金子等形成合金，古时起就被用来炼金和镀金。

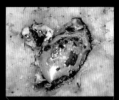
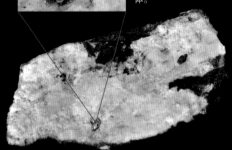

包裹着围岩的自然汞。常温下变成球状的液体。

辰砂的粒状集合体。表面上附着的小小的银色颗粒为自然汞。

## 辰砂 　　　　　　　　　　　　　　　　　　　*Cinnabar*

**颜色** 深红色、红褐色 　**条痕** 红色 　**晶体** 三方晶系
**组成** HgS 　**硬度** 2~2.5 　**比重** 8.2 　**解理** 三组清楚
**光泽** 金刚光泽、半金属光泽
**产地** 美国、西班牙、意大利、中国等地

水银的重要矿石矿物。在低温热液矿床、变质锰矿床、温泉堆积物中和黄铁矿、自然汞、石英、雄黄等一起呈块状、土状出产。晶体为双晶，呈菱形柱状，也常有锥状晶体。辰砂晶体为暗红色，具有透明感，优质辰砂散发着金刚光泽。辰砂因其鲜红的颜色在中国被称为"朱砂"，古代被用来炼制长生不死的灵药。

# 铋矿石

铋的导热导电率都十分低，缺乏延展性。辉铋矿是铋最重要的矿石矿物，大多数作为副产物与在热液矿床中的银、铜、铅等矿石共生。铋熔点较低为270℃左右，作为低熔点合金被用于保险丝装置。另外在所有元素中铋拥有最强的反磁性，因此也被用于电子工业中。

## 自然铋 *Bithmuth*

| 颜色 | 银白色 | 条痕 | 银白色 | 晶体 | 三方晶系 | 组成 | Bi |
|---|---|---|---|---|---|---|---|

硬度 2~2.5　比重 9.8　解理 一组完全　光泽 金属光泽
产地 德国、加拿大、波利维亚等地

天然出产的铋的金属矿物。在热液矿床、伟晶岩、接触交代矿床中和毒砂、锡石、石英、自然金等一起主要呈块状出产。矿体呈略带淡红色的银白色，在空气中会因氧化作用变成暗色。铋比铅的比重大，自形晶体十分稀少。人工制造的铋晶体形状特异，具有彩虹般的干涉色，作为收藏品人气很高。

## 辉铋矿 *Bismuthinite*

颜色 铅灰色　条痕 铅灰色　晶体 斜方晶系　组成 $Bi_2S_3$　硬度 2
比重 6.8　解理 一组完全　光泽 金属光泽
产地 玻利维亚、澳大利亚、挪威等地

辉铋矿是稀有金属铋的重要矿石矿物。在热液矿床、接触交代矿床、伟晶花岗岩中，和自然铋、方铅矿、毒砂等一起出产。晶体一般为柱状、针状、纤维状，也有形状不一的块状和粒状。和辉锑矿的原子排列顺序相同，晶体构造和性质也十分相似。辉铋矿与辉锑矿不仅外观上十分相似，晶体的延伸方向，以及一组完全的解理都是一模一样。只不过辉铋矿无法形成辉锑矿那样较大的单晶体。

# 从宇宙飞来的矿物——陨石

在矿物学的基准中，从地球外飞来的陨石也被当成矿物处理。陨石分为以橄榄石、辉石等硅酸盐矿物为主的"石质陨石"、以铁镍合金为主的"铁陨石（陨铁）"，以及组成成分位于二者之间的"石铁陨石"三大类。

由于陨石是在特殊的环境中生成的，因此有的陨石和地球上矿物的化学组成不尽相同。另外还有地球上不常见的稀有矿物。

陨铁是铁和镍经长时间冷却后形成的、两种不同矿物的合金。研磨陨铁后可看到两种矿物分离后形成的几何图案——魏德曼花纹。

陨铁表面的魏德曼花纹。形成它需要非常长的时间将铁、镍冷却，据说很难在地球上再现该过程。

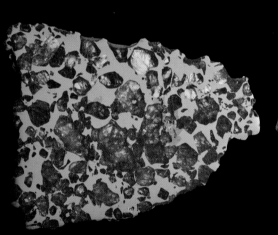

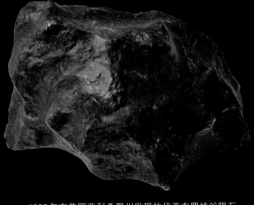

1890年在美国亚利桑那州发现的代亚布罗峡谷陨石（魔谷陨石）。陨石为铁质陨石，十分重，散发着暗淡的黑色光泽。

1822年在智利发现的伊米拉克陨石，属于石铁陨石类，陨铁部分和橄榄岩形成了网状图案。这种陨石被称为"橄榄陨铁"，发现该陨石的情况十分稀少。

被称为"捷克陨石"的绿色透明玻陨石。在陨石相撞时使周围的岩石溶解、变质，玻璃成分冷却后结合而成。这样的陨石就叫作玻陨石，黑色的玻陨石在中国、澳大利亚、泰国、菲律宾都有发现。

# 第 3 章

# 成为工业原料的矿物

# 自然硫

*Sulfur*

**颜色** 黄色、褐色　**条痕** 白色　**晶体** 斜方晶系　**组成** S　**硬度** 1.5~2.5
**比重** 2.0　**解理** 无　**光泽** 树脂光泽、油脂光泽　**产地** 意大利、日本等地

自然硫是在火山或温泉附近发现的非金属矿物，是自然界中仅次于石墨的最常见的元素矿物，硫酸的原料。生成于火山或是地热变质带的喷气升华物和温泉沉淀物。此外有时也会在硫化物矿床氧化带中作为次生矿物生成。在火山喷气孔附近生成的自然硫其晶体为四方锥状、群生。火山岩缝隙中的硫磺晶体呈块状。自然硫硬度较低，十分脆弱。拥有独特的气味，被称为硫磺味，但这是硫化氢等硫化合物散发的气味，单质硫不会发出这样的气味。

草津的汤畑。随着汤泉水温的下降，温泉水中的硫会析出，形成温泉沉淀物。

自然硫晶体。其是温泉及热液溶液中的沉淀物。置于火上会慢慢熔解，散发出气体。

大汤沼出产的气球硫磺。温泉底部喷出的硫含有大量气体，凝固后在其中形成空洞的球状集合体。

块状硫磺。其是硫酸的原料，也用于制作洗衣剂、肥料、涂料等。硫磺粉末可以用于制作农药和医药品。

# 石墨

*Graphite*

| 颜色 黑色 | 条痕 黑色 | 晶体 六方晶系、三方晶系 | 组成 C | 硬度 1~1.5 | 比重 2.2~2.3 |

| 解理 一组完全 | 光泽 金属光泽、油脂光泽、土质光泽 | 产地 加拿大、斯里兰卡等地 |

由碳组成的黑色非金属矿物。在片麻岩、结晶片麻岩等岩石中和方解石等一起出产。有的石墨也包含在金刚石晶体中。石墨和金刚石相同，都是只由碳原子构成的矿物。金刚石中的碳原子在三维性的共有结合，因此十分坚硬，而石墨上下原子层之间的结合较弱因此十分柔软，用手指触碰后指尖会染黑。可用于铅笔芯、电池、锁芯的润滑材料、精炼电用的电极等。

铅笔芯。石墨又被称为黑铅，和黏土混合后可作铅笔芯。

块状石墨。表面光滑，光泽较暗。除了有黑色块状外，还有土块状的。

在再结晶质石灰岩中可发现鳞片状晶体。

雪花石膏。

# 石膏 ▪ *Gypsum*

| | |
|---|---|
| **颜色** 无色、白色、褐色、灰色、红色等 | **条痕** 白色 **晶体** 单斜晶系 |
| **组成** $CaSO_4 \cdot 2H_2O$ | **硬度** 2 **比重** 2.3 **解理** 一组完全 |
| **光泽** 玻璃光泽~珍珠光泽 | **产地** 美国、墨西哥、澳大利亚等地 |

钙的含水硫酸盐矿物。在蒸发岩中和岩盐等一起生成，在火山喷气孔中和自然硫一起作为温泉沉淀物生成，另外也生成于矿床氧化带和热液变质岩中。在沙漠中还可以看到玫瑰花瓣形状的晶体（→p.117）。纯粹的晶体呈无色透明状（称为透石膏），块状晶体由于含有不纯物质呈淡褐色、灰色、黄色、绿色等。纤维状晶体呈平行方向集结而成的石膏称为"纤维石膏"，细微颗粒密集集合的石膏称为"雪花石膏"。石膏主要用于建筑材料、水泥原料，或是骨折时使用的医用石膏。

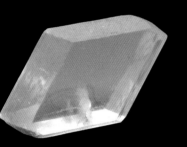

透石膏的单晶体。除了图中呈平行四边形的晶体外，还有长柱状、粒状、纤维状集合体等形状。比指甲还要软。

牙齿的石膏模型。石膏和水混合后会立刻凝固。

# 硬石膏 ▪ *Anhydrite*

| | |
|---|---|
| **颜色** 无色~白色、淡蓝色、淡紫色、淡褐色等 | |
| **条痕** 白色 **晶体** 斜方晶系 | **组成** $CaSO_4$ **硬度** 3.5 |
| **比重** 3.0 **解理** 三组完全 **光泽** 玻璃光泽 | |
| **产地** 波兰、墨西哥、巴西等地 | |

以硫酸钙为主要成分的硫酸盐矿物。在岩盐层、热液矿脉、黑矿矿床等出产。形状明显的晶体较为稀少，一般为块状或是纤维状晶体。晶体为白色、灰色、淡蓝色或是绿色等。从世界范围来看，硬石膏产于海水蒸发后的岩盐矿床中，在日本硬石膏主要在黑矿矿床下部呈层状或块状出产。用途和石膏相同。

# 滑石

*Talc*

**颜色** 白色~淡绿色 | **条痕** 白色 | **晶体** 单斜晶系、三斜晶系 | **组成** $Mg_3Si_4O_{10}(OH)_2$
**硬度** 1 | **比重** 2.6~2.8 | **解理** 一组完全 | **光泽** 珍珠光泽 | **产地** 美国、中非、中国等地

镁的含水硅酸盐矿物。蛇纹石和白云石等含镁矿物受热液作用后生成。晶体构造呈层状（镁形成的八面体层和硅形成的四面体层），因此滑石和云母一样十分易剥离。最柔软的矿物，是莫氏硬度1级的标准矿物。通常情况下呈白色半透明状，由于其含有的不纯物质呈淡红色或是淡绿色等。可用于化妆品和造纸的填充材料。

以滑石为原料制成的婴儿爽身粉。另外滑石还用于润滑剂或是衣料制品等。

被称为"talc"的白色滑石。细密的块状滑石被称为"冻石"，是瓷器的原料。

因含铁而呈绿色的滑石。与接近纯白色的矿体一样柔软。

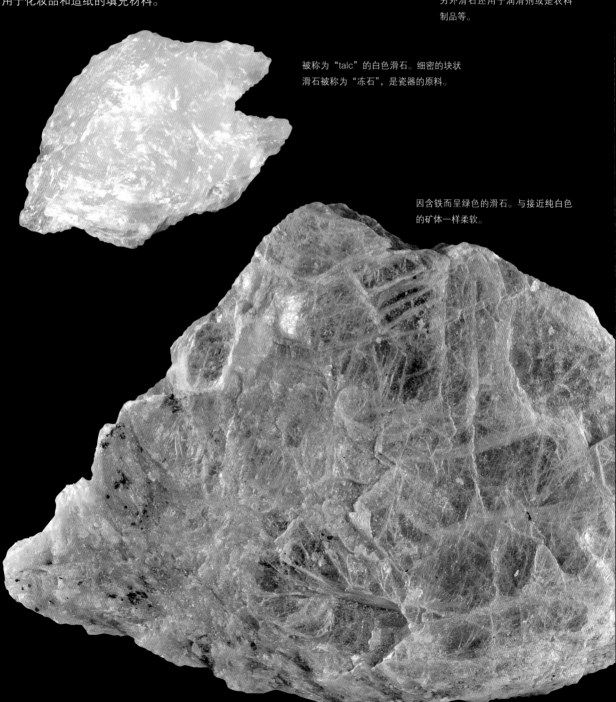

# 岩盐

*Halite*

**颜色** 无色~白色、蓝色、紫色等 **条痕** 白色 **晶体** 等轴晶系
**组成** NaCl **硬度** 2 **比重** 2.2 **解理** 三组完全
**光泽** 玻璃光泽 **产地** 北美、南美、欧洲等地

岩盐是由钠和氯组成的矿物。由盐水蒸发而生成，蒸发岩的主要成分，和钾盐、石膏等一起出产。另外也作为火山气体的升华物出产。晶体呈立方体、晶体面中央有时会形成凹状骸晶。通常情况下呈无色透明状，有时因含有不纯物质或是晶体结构上的缺陷呈橙色或是蓝色。岩盐除了可用作食用盐等调味料外，还可以用作工业用原料。此外，由于盐分可以降低水的凝固点，将岩盐做成粉末状后撒在结冰的路面上可以作为融雪剂使用。

蓝色岩盐。基本为无色透明状，晶体结构如果有缺陷出现色心，也会变成蓝色或是紫色。

岩盐晶体。如果晶体中含有赤铁矿，会变成略带橙色的晶体。有潮解性，能在湿度较高的环境中吸收空气中的水分。

# 钾盐

*Sylvite*

**颜色** 透明、白色、灰色、红色、蓝色 **条痕** 白色 **晶体** 等轴晶系 **组成** KCl **硬度** 2
**比重** 2.0 **解理** 三组完全 **光泽** 玻璃光泽 **产地** 北美、南美、欧洲等地

由钾和氯形成的卤族元素。包含在蒸发岩中和岩盐、石膏一起出产。钾盐和岩盐的原子排列相同，钾盐中的钾元素置换成钠后就变成了岩盐。晶体多为立方体，稀有情况下会呈八面体。钾盐是钾含有量第二多的钾矿石，可用于肥料、化学药品、调料中含有的氯化钾原料。

明矾石的晶簇。烧制后形成无色粉末状的明矾石可用作消毒药。

# 明矾石 *Alunite*

**颜色** 无色~白色、淡粉色、淡蓝色 **条痕** 白色 **晶体** 三方晶系
**组成** KAl₃(SO₄)₂(OH)₆ **硬度** 3.5~4 **比重** 2.8 **解理** 一组清楚
**光泽** 玻璃光泽、珍珠光泽 **产地** 意大利、日本等地

含有钾和铝的硫酸盐矿物，常见于受到热液变质作用的安山岩、英安岩、流纹岩等处，多呈块状或粒状出产，极少情况下也有以叶片状出产的晶体。受到含硫酸盐的火山性气体以及温泉水的作用而生成。这种硫酸酸性热液作用称为明矾石化作用。明矾石中的钾置换成钠后称为钠明矾石，铝置换成铁后称为黄钾铁矾。明矾石是钾肥和烧明矾的原料。

黄钾铁矾。将明矾石中的铝置换成铁后就是黄钾铁矾，由于含铁，过去曾把它作为含铁资源矿利用。

## 高岭石 *Kaolinite*

**颜色** 白色　**条痕** 白色　**晶体** 三斜晶系　**组成** $Al_2Si_2O_5(OH)_4$　**硬度** 2~2.5
**比重** 2.6　**解理** 一组完全　**光泽** 珍珠光泽~土质光泽
**产地** 英国、中国、澳大利亚、日本等地

铝的含水硅酸盐矿物，以超微粒子结合体的形式出产，是粘土矿物的典型代表。高岭石是由长石等硅酸盐矿物经风化作用、热液作用后形成的。在电子显微镜下可看到高岭石晶体呈六边形的板状，肉眼看到的则是块状、粉状。与地开石、珍珠陶土等拥有相同的化学组成成分，用肉眼难以区分。有时会将高岭石、地开石、珍珠石三种矿石统称为高岭石。

日本瓷器有田烧。含有高岭石或长石的黏土被作为陶器、瓷器的材料使用。

## 钾长石 *K-feldspar*

**颜色** 无色、白色、灰色、蓝色、粉色、红色等
**条痕** 白色　**晶体** 单斜晶系、三斜晶系　**组成** $KAlSi_3O_8$
**硬度** 6　**比重** 2.6　**解理** 二组完全
**光泽** 玻璃光泽　**产地** 美国、意大利等地

钾长石指的是单斜晶系的透长石、正长石以及三斜晶系的微斜长石。是长英质火成岩、片麻岩等的主要矿物，且是陶瓷的重要原料。宝石中的月光石、天河石（→p.46）也属于钾长石类。

# 硅灰石 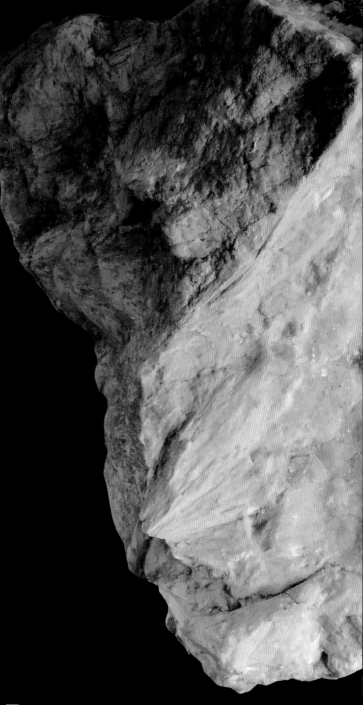 *Wollastonite*

**颜色** 白色　**条痕** 白色　**晶体** 三斜晶系
**组成** $Ca_3Si_3O_9$　**硬度** 4.5~5　**比重** 3.0
**解理** 一组完全、二组清楚
**光泽** 玻璃光泽、丝绸光泽
**产地** 美国、加拿大、墨西哥、挪威等地

由硅酸钙构成的矿物。由石灰岩、花岗岩等
接受接触变质作用后生成的矽卡岩矿物的典
型代表。晶体为三斜晶系，纤维状晶体细密
地结合在一起，因此看起来要比实际硬度坚
硬。化学式相同的单斜晶系硅灰石曾被称为
"副硅灰石"，因为副硅灰石与硅灰石仅仅在
晶体构造上不同，现在不把它归为单独一类
矿物，而是作为硅灰石的一种同素异形体，
标记为wollastonite-2M。将一部分钙置换成
锰和铁后，晶体构造也会发生变化，变成与
其不同种类的锰硅灰石和铁硅灰石。硅灰石
可作为陶器、瓷器以及建筑材料的原料进行
使用。

# 霞石 *Nepheline*

**颜色** 无色、白色、灰色、绿色、黄色、褐色　**条痕** 白色　**晶体** 六方晶系
**组成**（Na,K）$AlSiO_4$　**硬度** 5.5~6　**比重** 2.6　**解理** 一组清楚
**光泽** 玻璃光泽、油脂光泽　**产地** 加拿大、挪威、意大利等地

以钠、钾、铝为主要成分的硅酸盐矿物。在硅酸贫乏的岩石中
不会生成长石，但是会生成霞石。由于其化学组成与长石相似，
因此又被称为准长石。产于碱性火山岩或闪长岩等碱性深成岩，
或是它们的伟晶岩中。多以块状或粒状出产，极少形成晶体。
在意大利还有德国的火山岩中可以看到六方柱状的小晶体。霞
石不会与石英共生，是制作玻璃、陶器、瓷器的材料。

## 冰晶石

*Cryolite*

**颜色** 黑色~白色　**条痕** 白色　**晶体** 单斜晶系　**组成** $Na_3AlF_6$　**硬度** 2.5
**比重** 3.0　**解理** 无　**光泽** 玻璃光泽　**产地** 丹麦、加拿大等地

含钠、铝、氟的卤族矿物。主要产于闪长岩类等碱性深成岩、伟晶岩中。晶体为白色块状，极少情况下会呈四方短柱状或是立方体状。烛火即可熔掉冰晶石。18世纪人们在格陵兰岛发现了冰晶石，称其为"不会融化的冰"，而到目前为止都未发现像格陵兰岛那样大型的冰晶石产地。冰晶石可用于精炼铝还有制作陶器瓷器的釉药。

## 绢云母 

*Sericite*

**颜色** 白色、灰色、淡绿色　**条痕** 白色　**晶体** 单斜晶系　**组成** $KAl_2(AlSi_3O_{10})(OH)_2$　**硬度** 2.5
**比重** 2.8　**解理** 一组完全　**光泽** 珍珠光泽　**产地** 巴西、印度、中国、日本等地

绢云母是长石分解后生成的细微的白云母。多产于热液矿床中，颜色为白色、灰色、淡绿色等，呈黏性较强的块状。多用于隔热材料和陶瓷原料，较为上乘的绢云母会被用于化妆品。

粉末状绢云母。用于化妆品粉底。

有润滑感的绢云母块。

# 磷灰石

*Apatite*

| | |
|---|---|
| 颜色 无色、白色、绿色、黄色、褐色、红色、绿褐色 | 条痕 白色 晶体 六方晶系 |

组成 $Ca_5(PO_4)_3(F,Cl,OH)$　硬度 5　比重 3.1~3.2　解理 无　光泽 玻璃光泽

产地 墨西哥、加拿大等地

钙的磷酸盐矿物，根据所含成分不同，分为"氟磷灰石""氯磷灰石"和"羟磷灰石"三类。产于火成岩、变质岩、花岗岩、伟晶岩中。晶体为透明状，具有玻璃光泽，形状有六方柱状或板状等。通常为无色或白色，有时因含有微量锰而呈现出不同颜色。氟磷灰石在三种磷灰石中产量最多，是磷的重要矿物资源，也可作为肥料原料、假牙还有人造骨头的合成原料。

黄绿色的磷灰石晶体。化学组成多种多样，没有化学组成十分纯粹的磷灰石。

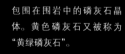

包围在围岩中的磷灰石晶体。黄色磷灰石又被称为"黄绿磷灰石"。

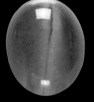

研磨后的蓝色磷灰石。呈现磷灰石少有的猫眼效果。

绿褐色的磷灰石晶体。含不纯物质时会呈现粉色或紫色。

# 钙铀云母

| 颜色 黄色~淡绿色 | 条痕 淡黄色 | 晶体 四方晶系 | 组成 $Ca(UO_2)_2(PO_4)_2 \cdot 10\sim12H_2O$ |

**硬度** 2~2.5 **比重** 3.1 **解理** 一组完全 **光泽** 玻璃光泽、珍珠光泽、土质光泽

**产地** 意大利、美国、澳大利亚、德国等地

含铀和钙的磷酸盐矿物，是晶质铀矿或是含铀矿物经风化、变质作用后形成的次生矿物。产于花岗岩、伟晶岩和砂岩等沉积岩中。晶体为四方薄板状、鳞片状或是扇状集合体，由于晶体解理和云母一样，为一组完全解理，因此被称为"钙铀云母"，是铀的重要矿物资源。

四方板状的钙铀云母。天然的钙铀云母放出的放射线非常少，不要长时间靠近就不会发生问题。

黄绿色的钙铀云母晶簇。照射紫外线后会发出鲜艳的黄绿色荧光。

# 雄黄

*Realgar*

| 颜色 | 红色、橙色 | 条痕 | 橙色 | 晶体 | 单斜晶系 | 组成 | $As_4S_4$ | 硬度 | 1.5~2 | 比重 | 3.6 |
|---|---|---|---|---|---|---|---|---|---|---|---|

| 解理 | 一组清楚 | 光泽 | 树脂光泽~油脂光泽 | 产地 | 美国、瑞士、法国、马其顿等地 |
|---|---|---|---|---|---|

砷的硫化矿物。雌黄以及辉锑矿等经热液作用后生成，此外还作为火山喷气孔的升华物或是温泉沉淀物生成，通常情况下其颗粒状晶体集结后形成块状出产。短柱状晶体的柱面有纵纹，按纵纹方向较易切割。长时间曝露于光下后会分解成晶体构造不同的副雄黄。构成雄黄的砷是优良的半导体，被用作LED以及CD的信号读取装置。

发光二极管LED。砷化合物可将电能直接转化为光能，被用来制作LED。

粒状晶体集合成的雄黄。因为它的颜色和鸡冠颜色相似而得名"鸡冠石"。

矿体中央可以看到雄黄的短柱状晶体。

虽然雄黄为砷化合物，但由于其不溶于水，仅是触碰对人体是无害的。

# 红柱石

*Andalusite*

**颜色** 粉红色、红褐色、白色、黄色等 **条痕** 白色 **晶体** 斜方晶系 **组成** $Al_2SiO_5$
**硬度** 7.5 **比重** 3.1 **解理** 二组完全 **光泽** 玻璃光泽
**产地** 巴西、墨西哥、斯里兰卡等地

红柱石是在变质岩、伟晶花岗岩、热液变质岩等含铝和硅酸成分较丰富的变质岩中经常可以看到的矿物。红柱石与夕线石、蓝晶石是化学式相同的同素异形体，红柱石在低温低压条件下生成，是三种矿体中最稳定的矿物。柱状晶体集合体或块状矿体，被用于耐火材料。

切割后的红柱石。根据观赏方向不同，可以显示成红色、黄绿色等不同颜色，具有"多色性"。

由于含有少量铁，矿体略带红色。由于晶体呈红色长柱状，因此得名红柱石。

柱状晶体横截面，由于矿体内部含有石墨，呈现出十字花纹，称之为"空晶石"。

# 蓝晶石

**颜色** 蓝色~蓝绿色、灰色等 **条痕** 白色 **晶体** 三斜晶系 **组成** $Al_2SiO_5$ **硬度** 4~7.5 **比重** 3.5~3.7
**解理** 二组完全、一组良好 **光泽** 玻璃光泽 **产地** 瑞士、巴西等地

产于含铝较丰富的广域变质岩中。与红柱石、夕线石是拥有相同化学式的同素异形体。低温高压条件下形成蓝晶石，低温低压条件下形成红柱石，高温高压下形成夕线石。多与白云母、十字石、钠云母、黝帘石等共生。晶体有越靠近中心颜色越浓的特性，是因为矿体内部含有铁或是钛而呈深蓝色。在一个解理面上与之平行的晶体硬度为4，与之垂直的晶体硬度为6~7.5。在另一个解理面上两个方向的硬度都是5.5~6.5。像蓝晶石这样拥有两种硬度（实际上是三种）的矿体称为"二硬石"。

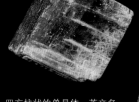

四方柱状的单晶体。英文名来源于希腊语中具有蓝色意义的"kyanos"。

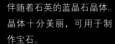

伴随着石英的蓝晶石晶体。晶体十分美丽，可用于制作宝石。

蓝色和蓝绿色小晶体的集合体。蓝晶石主要用于耐火材料及玻璃原料等。

# 叶腊石

*Pyrophyllite*

| 颜色 | 白色、淡绿色 | 条痕 | 白色 | 晶体 | 单斜晶系、三斜晶系 | 组成 | Al$_2$Si$_4$O$_{10}$（OH）$_2$ | 硬度 | 1~2 |

| 比重 | 2.8 | 解理 | 一组完全 | 光泽 | 珍珠光泽、油脂光泽、土质光泽 | 产地 | 俄罗斯、巴西、日本等地 |

以铝为主要成分的含水硅酸盐矿物，是火山岩经热液变质作用后生成的。晶体为叶片状、纤维状，或是这些形状的晶体凝结成的块状。由于矿体比较柔软，除了可用于石雕、印章材料外还可以用于裁缝中的划粉以及砖材料。腊石是以叶腊石为主要成分，混合着石英、绢云母、高岭石等的矿石的总称。

腊石制耐火砖。

块状叶腊石。由于加热后会变成叶片状，英文名取希腊语中表示火和叶子意义的词phyllon。

菊花状叶腊石。柱状晶体呈放射状仿佛花朵一般。在日本，花朵形状的叶腊石很少见。

# 纤蛇纹石（温石棉）

*Chrysotile*

**颜色** 绿色~黄绿色、白色~灰色　**条痕** 白色　**晶体** 单斜晶系、斜方晶系　**组成** $Mg_3Si_2O_5(OH)_4$

**硬度** 2.5　**比重** 2.6　**解理** 一组完全　**光泽** 油脂光泽、丝绸光泽、土质光泽

**产地** 美国、日本、澳大利亚等地

纤蛇纹石是蛇纹石的代表性矿物，和晶体结构各异的利蛇纹石、叶蛇纹石统称为"蛇纹石矿物"。纤蛇纹石和利蛇纹石是化学式相同的同素异形体，叶蛇纹石和这两种蛇纹石的化学组成略有不同，因此不能说叶蛇纹石是其他两种矿石的同素异形体。但是三种矿石的外观都十分相似肉眼无法区分。通常以块状或是纤维状出产，纤维状的晶体集合体是石棉的代表性矿物，多用于建筑资材。但由于纤蛇纹石会引发人体癌变因此现在被禁止使用。

斜方晶系纤蛇纹石。单斜晶的纤蛇纹石更常见，但稀有情况下也有斜方晶系的纤蛇纹石。

利蛇纹石。仅从外表无法将其与纤蛇纹石、叶蛇纹石进行区分。

纤维状晶体的纤蛇纹石。作为耐火性和耐热性都十分优良且价格低廉的石棉，曾广泛用于建设资材、家庭用品等。

# 什么是稀有金属？

稀有金属是自然界中储量、分布稀少且人类应用较少的元素的总称。钛虽然在地球上存量很多，但精炼纯度较高的钛在技术上有困难，因此将其归为稀有金属类。也有普通金属比稀有金属储量更低。现在认定的稀有金属有31种，包括30种金属和稀土元素（17种稀土元素作为1种金属）。

独居石（→p.90）。含钇、钕、镝，分别用于固体激光、LED、永久性磁石。

| | I A | II A | III B | IV B | V B | VI B | VIIB | VIII | | | I B | II B | III A | IV A | V A | VI A | VIIA | 0族 |
|---|---|---|---|---|---|---|---|---|---|---|---|---|---|---|---|---|---|---|
| | 1 | 2 | 3 | 4 | 5 | 6 | 7 | 8 | 9 | 10 | 11 | 12 | 13 | 14 | 15 | 16 | 17 | 18 |
| 1 | 1 H 氢 | | | | | | | | | | | | | | | | | 2 He 氦 |
| 2 | 3 Li 锂 | 4 Be 铍 | | | | | | | | | | | 5 B 硼 | 6 C 碳 | 7 N 氮 | 8 O 氧 | 9 F 氟 | 10 Ne 氖 |
| 3 | 11 Na 钠 | 12 Mg 镁 | | | | | | | | | | | 13 Al 铝 | 14 Si 硅 | 15 P 磷 | 16 S 硫 | 17 Cl 氯 | 18 Ar 氩 |
| 4 | 19 K 钾 | 20 Ca 钙 | 21 Sc 钪 | 22 Ti 钛 | 23 V 钒 | 24 Cr 铬 | 25 Mn 锰 | 26 Fe 铁 | 27 Co 钴 | 28 Ni 镍 | 29 Cu 铜 | 30 Zn 锌 | 31 Ga 镓 | 32 Ge 锗 | 33 As 砷 | 34 Se 硒 | 35 Br 溴 | 36 Kr 氪 |
| 5 | 37 Rb 铷 | 38 Sr 锶 | 39 Y 钇 | 40 Zr 锆 | 41 Nb 铌 | 42 Mo 钼 | 43 Tc 锝 | 44 Ru 钌 | 45 Rh 铑 | 46 Pd 钯 | 47 Ag 银 | 48 Cd 镉 | 49 In 铟 | 50 Sn 锡 | 51 Sb 锑 | 52 Te 碲 | 53 I 碘 | 54 Xe 氙 |
| 6 | 55 Cs 铯 | 56 Ba 钡 | ★ | 72 Hf 铪 | 73 Ta 钽 | 74 W 钨 | 75 Re 铼 | 76 Os 锇 | 77 Ir 铱 | 78 Pt 铂 | 79 Au 金 | 80 Hg 汞 | 81 Tl 铊 | 82 Pb 铅 | 83 Bi 铋 | 84 Po 钋 | 85 At 砹 | 86 Rn 氡 |
| 7 | 87 Fr 钫 | 88 Ra 镭 | ★★ | 104 Rf 铲 | 105 Db 𨧀 | 106 Sg 𨭎 | 107 Bh 𨨏 | 108 Hs 𨭆 | 109 Mt 鿏 | 110 Ds 𨭠 | 111 Rg 轮 | 112 Cn 鿔 | 113 Nh 𫟼 | 114 Fl 𫓧 | 115 Mc 镆 | 116 Lv 𫟷 | 117 Ts 鿬 | 118 Og 𫠫 |

| ★ 镧系元素 | 57 La 镧 | 58 Ce 铈 | 59 Pr 镨 | 60 Nd 钕 | 61 Pm 钷 | 62 Sm 钐 | 63 Eu 铕 | 64 Gd 钆 | 65 Tb 铽 | 66 Dy 镝 | 67 Ho 钬 | 68 Er 铒 | 69 Tm 铥 | 70 Yb 镱 | 71 Lu 镥 |
|---|---|---|---|---|---|---|---|---|---|---|---|---|---|---|---|
| ★★ 锕系元素 | 89 Ac 锕 | 90 Th 钍 | 91 Pa 镤 | 92 U 铀 | 93 Np 镎 | 94 Pu 钚 | 95 Am 镅 | 96 Cm 锔 | 97 Bk 锫 | 98 Cf 锎 | 99 Es 锿 | 100 Fm 镄 | 101 Md 钔 | 102 No 锘 | 103 Lr 铹 |

元素周期表中红色部分为稀有金属，绿色部分为稀土元素。

# 第 4 章

# 形状奇异的矿物

*Mysterious form*

# 云母类

云母类矿石是形成地球上岩石的一种造岩矿物，是含有钾、铝、镁、铁、锰、锂等元素且呈层状结构的硅酸盐矿物。根据所含成分不同，可分为不同种类。云母类矿石沿特定方向可以较易劈开，与底部平行的薄层可以剥离。

## 白云母 ▶ *Muscovite*

**颜色** 无色~白色、淡绿色、淡粉色、淡黄色等
**条痕** 白色　**晶体** 单斜晶系
**组成** $KAl_2(AlSi_3O_{10})(OH)_2$　**硬度** 2.5　**比重** 2.8
**解理** 一组完全　**光泽** 玻璃光泽~珍珠光泽
**产地** 巴西、印度、中国、日本等地

白云母是以钾和铝为主要成分的云母，大块的白云母产于伟晶岩中，细小的白云母产于片麻岩、结晶片岩等变质岩中，多含铝。晶体呈无色或白色，形状为六方板状、鳞片状或是叶片状。由于白云母可以像薄纸一样剥离，因此被称为"千层纸"。这是因为白云母的晶体构造为层状构造，层与层间的结合力较弱。白云母不易导电、导热，可以用作熨斗材料。

## 铁云母 ▶ *Annite*

**颜色** 黑色　**条痕** 褐色　**晶体** 单斜晶系
**组成** $KFe_3(AlSi_3O_{10})(OH)_2$　**硬度** 2.5~3　**比重** 2.9~3.2
**解理** 一组完全　**光泽** 玻璃光泽、半金刚光泽
**产地** 法国、俄罗斯、日本等地

含有较多钾和铁的云母。由于含铁，多呈黑色或褐色，也有的矿体带有绿色或红色。晶体为六方板状、短柱状、或叶片状的块状、鳞片集合体状。铁云母与白云母不同，可以导电，因此不能用作绝缘体。产于花岗岩、闪长岩、闪绿岩、流纹岩等火成岩或伟晶岩、泥质沉积岩形成的结晶片岩、片麻岩和矽卡岩中，是构成这些岩石的矿物。

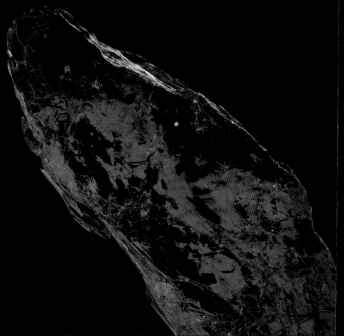

## 金云母 *Phlogopite*

**颜色** 黄色、褐色 　**条痕** 白色 　**晶体** 单斜晶系 　**组成** KMg$_3$（AlSi$_3$O$_{10}$）（OH）$_2$
**硬度** 2~3 　**比重** 2.8~2.9 　**解理** 一组完全
**光泽** 珍珠光泽、半金属光泽 　**产地** 芬兰、阿富汗、日本等地

含有较多钾和镁的云母。将镁置换成铁后，可形成铁云母的固溶体。位于二者之间的矿物称为黑云母。因为其解理面会反射出金子一样的光芒，所以被称为金云母，但其内部不含金。晶体呈具有珍珠光泽的淡黄色或褐色，形状为六方板状或是叶片状。产于以贵橄榄石为首的超基性岩、再结晶石灰岩、玄武岩的气孔中。

六方板状的金云母晶体。

## 锂云母 *Lepidolite*

**颜色** 灰色~粉色~紫色 　**条痕** 白色 　**晶体** 单斜晶系
**组成** K（Li,Al）$_3$（AlSi$_3$O$_{10}$）（F,OH）$_2$ 　**硬度** 2.5~3.5
**比重** 2.8 　**解理** 一组完全 　**光泽** 珍珠光泽
**产地** 瑞典、巴西、马达加斯加、日本等地

含锂量较多的云母。晶体为六方板状或是柱状，多数情况下会形成鳞片状集合体，因此又被称为"鳞云母"，颜色多呈淡粉色、灰色、紫色等，也有人称其为"红云母"。锂云母在伟晶花岗岩中和锂电气石等其他锂矿物一起出产。有时也从高温热液矿床中和黄玉、锡石、钨锰铁矿等一起产出。

形状为鳞片状集合体的
锂云母晶体。

## 钠云母 *Paragonite*

**颜色** 无色、淡黄色。粉色 　**条痕** 白色 　**晶体** 单斜晶系
**组成** NaAl$_2$（AlSi$_3$O$_{10}$）（OH）$_2$ 　**硬度** 2.5 　**比重** 2.8~2.9
**解理** 一组完全 　**光泽** 珍珠光泽 　**产地** 美国、瑞士、日本等地

主要成分从白云母中的钾换成钠后就会形成钠云母。钠云母和白云母相似，太细小的矿体无法用肉眼识别。钠云母在高压条件下形成的变质岩中，和翡翠、十字石、蓝晶石等一起出产。

# 斜绿泥石（绿泥石）🏳 *Clinochlore*

**颜色** 灰色、淡绿色、绿色、粉色 　**条痕** 白色~淡绿色 　**晶体** 单斜晶系
**组成**（Mg$_5$Al）（AlSi$_3$O$_{10}$）（OH）$_8$ 　**硬度** 2~2.5 　**比重** 2.6
**解理** 一组完全 　**光泽** 珍珠光泽、油脂光泽、土质光泽 　**产地** 世界各地

绿泥石一族是以铁、镁、铝为主要成分的层状硅酸盐矿物群，晶体构造和云母类类似。已有10种以上的独立种被人类所知，由于矿体一般为绿色，所以得名绿泥石。一般在温度和压力较低的变质岩、热液变质岩、热液矿脉等处产出。通常情况下我们看到的绿泥石是含有铁、镁的"斜绿泥石"或是"鲕绿泥石"，含铁越多绿色会越深，含铬的紫红色矿体称为"铬绿泥石"。

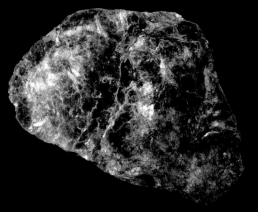

被称为叶绿泥石的一种绿泥石（pennine）。得名于意大利和瑞士国境附近的奔宁山脉（pennines）。

产于围岩中的绿泥石粒状晶体。

# 蛭石 ▰ *Vermiculite*

**颜色** 灰白色、褐色、金色 　**条痕** 白色、淡褐色
**晶体** 单斜晶系
**组成**（Mg,Fe,Al）$_3$（Si,Al）$_4$O$_{10}$（OH）$_2$·4H$_2$O
**硬度** 1~2 　**比重** 2.3~2.8 　**解理** 一组完全
**光泽** 油脂光泽、土质光泽 　**产地** 世界各地

主要由黑云母经风化作用形成。晶体略带褐色，呈不透明状，颜色渐变后看起来像金色，因此人们经常把河中的蛭石误认成金砂。由于蛭石加热后会像水蛭一样膨胀到原体积十倍以上，因此得名"蛭石"。蛭石的层间的水分子加热后形成水蒸气，所以导致体积膨胀。蛭石和蒙脱石等同属黏土矿物，拥有各种各样的化学组成。

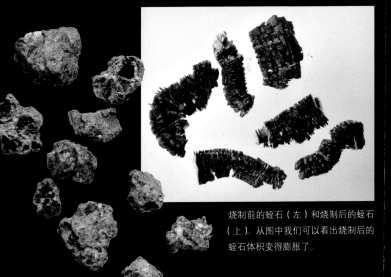

烧制前的蛭石（左）和烧制后的蛭石（上）。从图中我们可以看出烧制后的蛭石体积变得膨胀了。

# 石膏  *Gypsum*

**颜色** 无色、白色、褐色、灰色、红色等
**条痕** 白色 **晶体** 单斜晶系 **组成** $CaSO_4 \cdot 2H_2O$
**硬度** 2 **比重** 2.3 **解理** 一组完全
**光泽** 玻璃光泽~珍珠光泽
**产地** 美国、墨西哥、澳大利亚等地

石膏（→p.98）通常在蒸发岩中和硬石膏、岩盐等一起产出，呈平行四边形、长柱状或粒状晶体。在大陆内部昼夜温差大，多受强风吹打的地区，岩石不断被风化形成沙漠。此时溶于沙漠湖水中或是绿洲中的石膏成分逐渐结晶化，形成玫瑰花一样的形状。

集合成玫瑰花状的石膏晶体。被称为"沙漠玫瑰"。

# 重晶石 *Barite*

**颜色** 白色、无色、淡黄色、淡蓝色等 **条痕** 白色
**晶体** 斜方晶系 **组成** $BaSO_4$ **硬度** 2.5~3.5 **比重** 4.5
**解理** 三组完全 **光泽** 玻璃光泽
**产地** 德国、土耳其、美国等地

重晶石（→p.89）是无水硫酸盐代表性矿物，在低温和中温热液矿脉中出产，或是作为硫酸性温泉沉淀物出产。晶体除了呈柱状或板状外有时也会呈块状出产。重晶石和石膏一样也有板状晶体集合成"沙漠玫瑰"的情况。由于晶体表面上附着着沙子，因此表面略有粗糙感，内部多为透明状晶体。板状晶体和方解石相似，可根据不溶于盐酸这一点进行判别。

# 黄铁矿

**颜色** 金色、黄色 **条痕** 黑色 **晶体** 等轴晶系 **组成** FeS$_2$ **硬度** 6 **比重** 5.0 **解理** 无 **光泽** 金属光泽 **产地** 世界各地

由铁和硫构成的自然界最常见的硫化矿物。在热液矿床、接触交代矿床、层状黄铁矿矿床、黑矿矿床等多种矿床中产出。在采掘金属矿石的矿山中有较高的出产率。晶体多为立方体、八面体或是五角十二面体，作为黄铁矿特征的五角形平面被称为"黄铁矿面"。晶体面有很多晶面纹，多为双晶，针状晶体有时会集结成圆盘状或球状。散发着黄金一般的金属光泽，由于其色调和黄金相似，因此被称为"愚人金"。极其稀少的情况下，进入到菊石等化石内的黄铁矿会保持贝壳的形状出产。

黄铁矿化的菊石。埋在地底的菊石化石中的成分被置换成黄铁矿后形成。

黄铁矿的立方体晶体。由于其色调与黄金类似，被称为"愚人金"。

黄铁矿的球状晶体，被称为"黄铁矿球"。

晶体为五角十二面体的黄铁矿（上、右）。英文名pyrite来源于拉丁语中的打火石。

# 角闪石类

角闪石族是重要的造岩矿物，有的角闪石和辉石形状类似。由于角闪石有着非常复杂的化学组成，现在有100多种独立种。

## 普通角闪石 *Hornblende*

**颜色** 灰绿色~暗绿色、褐色~黑色　**条痕** 淡灰绿色　**晶体** 单斜晶系
**组成** Ca$_2$（Mg,Fe）$_4$（Al,Fe）（AlSi$_7$O$_{22}$）（OH）$_2$　**硬度** 5~6　**比重** 3.0~3.5
**解理** 二组完全　**光泽** 玻璃光泽　**产地** 世界各地

以钙为主要成分，多含铁和镁。颜色呈具有玻璃光泽的暗绿色、暗褐色、黑色。在安山岩、玄武岩等火山岩以及变质岩、深成岩等处产出，是角闪石中最普遍的一种。偏平的六边形断面的柱状晶体最为多见。和普通辉石一样解理面较发达，亮晶晶的两个解理面大约呈60°和120°角倾斜。

从围岩中分离的普通角闪石柱状晶体，具有六边形断面。

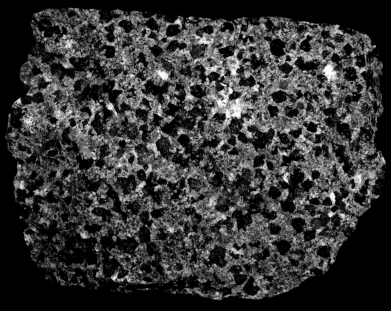

产于深成岩中的普通角闪石斑晶。

## 透闪石 *Tremolite*

**颜色** 无色、白色、粉色、淡绿色　**条痕** 白色　**晶体** 单斜晶系
**组成** Ca$_2$Mg$_5$Si$_8$O$_{22}$（OH）$_2$　**硬度** 5~6　**比重** 2.9~3.0　**解理** 二组完全
**光泽** 玻璃光泽　**产地** 瑞士、美国、日本等地

主要以钙和镁为主要成分的角闪石，多为无色、白色或较淡一点的颜色，如果含有微量的铁则呈淡绿色，含微量的锰则呈粉色，如果含铁量较多，将一部分镁置换成铁会变成绿色的"阳起石"。透闪石是最具变质岩特征的一种角闪石类，细密的透闪石晶体集合后的块状晶体被称为软玉。晶体为柱状、针状，纤维状晶体也较多，也有叶片状、块状、粒状晶体。石棉状晶体被用作工业学中的绝缘体。

透闪石的柱状晶体集合体。

# 异极矿

*Hemimorphite*

**颜色** 无色~白色、淡蓝色、淡黄色　**条痕** 白色　**晶体** 斜方晶系　**组成** $Zn_4(Si_2O_7)(OH)_2 \cdot H_2O$
**硬度** 5　**比重** 3.5　**解理** 二组完全　**光泽** 玻璃光泽　**产地** 中国、意大利、墨西哥等地

锌的硅酸盐矿物。在锌矿床的氧化带中和褐铁矿、菱锌矿等一起作为次生矿物出产。晶体为柱状或板状，也有纤维状晶体及其凝结成葡萄状的晶体集合体，颜色有白色、淡蓝色、淡绿色、黄色、褐色等。晶体形状明显时两端有显著差异，因此得名"异极矿"。

异极矿的板柱状晶体晶簇。

在褐铁矿缝隙中的异极矿。白色部分是异极矿。

因含不纯物质而使异极矿呈现出鲜艳的蓝色。

# 脆硫锑铅矿

| 颜色 铅灰色、黑色 | 条痕 灰黑色 | 晶体 单斜晶系 | 组成 $Pb_4FeSb_6S_{14}$ | 硬度 2.5 | 比重 5.6 |

解理 一组良好　　光泽 金属光泽　　产地 墨西哥、俄罗斯、中国等地

含铅、铁、锑的硫化矿物。在热液矿床、接触交代矿床中产出，与石英、黝铜矿、方铅矿、闪锌矿、黄铁矿、硫锑铅矿等共生。脆硫锑铅矿晶体多为毛状，但和硫锑铅矿相比，多为略粗的柱状或针状。灰黑色的纵纹沿晶体延伸的方向分布。置于空气中会被氧化，形成彩虹一样的干扰色。脆硫锑铅矿和同为毛状的硫锑铅矿非常类似，肉眼难以区分。

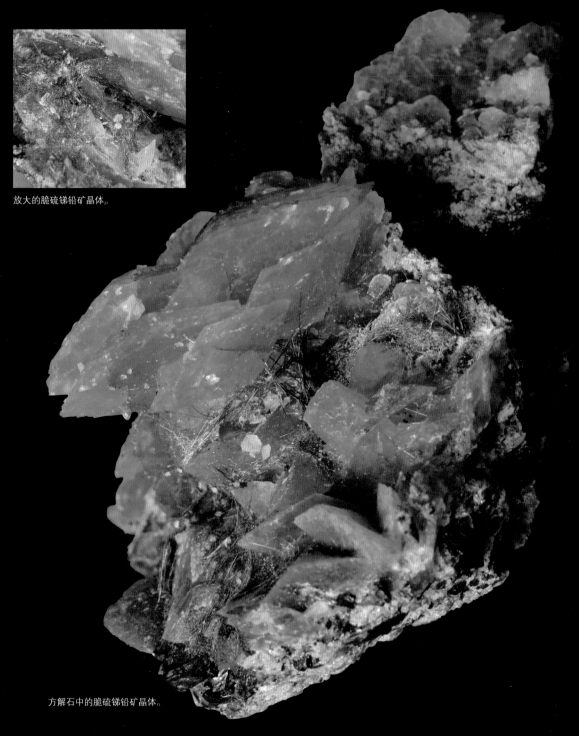

放大的脆硫锑铅矿晶体。

方解石中的脆硫锑铅矿晶体。

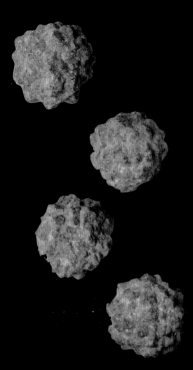

## 自然砷 ⟋ *Arsenic*

**颜色** 锡白色 **条痕** 锡白色 **晶体** 三方晶系 **组成** As **硬度** 3.5 **比重** 5.7
**解理** 一组完全 **光泽** 金属光泽 **产地** 捷克、德国等地

天然出产的砷的元素矿物。一般而言，砷以雌黄、雄黄等硫化物的形式存
在于自然界中，但也有在热液矿床、接触交代矿床中作为自然砷出产的情
况。多和石英、辉锑矿、雄黄、辰砂、方铅矿等相伴，呈皮壳状、钟乳状出产。
极其稀少的情况下，自然砷会以菱面状晶体呈放射状集合在一起，这种形
状的自然砷被称为"金平糖石"。拥有银白色的金属光泽，置于空气中会
会被氧化，颜色变暗进而失去光泽。单质砷毒性很小，但其变质后的氧化物
（ $As_2O_3$ ，俗称砒霜）具有较强的毒性。

饼状自然砷。也有金平糖形
状的自然砷，因其含有毒性，
要小心对待。

## 水硅钒钙石 ▦ *Cavansite*

**颜色** 蓝色 **条痕** 蓝色 **晶体** 斜方晶系 **组成** Ca（VO） $Si_4O_{10}$・$4H_2O$ **硬度** 3~4
**比重** 2.3 **解理** 一组良好 **光泽** 金属光泽～玻璃光泽～珍珠光泽 **产地** 美国、印度

1973年发现的以钒为主要成分的矿物。产于凝灰岩、玄武岩中，和片沸石、
辉沸石、鱼眼石、方解石等共生，和稀有的五角石是同素异形体。晶体为密
集的放射状、花瓣状集合体，具有鲜艳的蓝色玻璃光泽。呈蓝色是由于晶体
所含的钒。

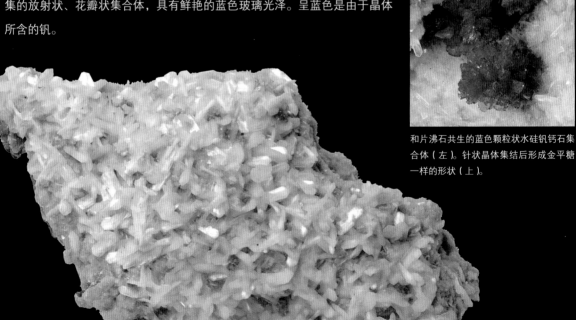

和片沸石共生的蓝色颗粒状水硅钒钙石集
合体（左）。针状晶体集结后形成金平糖
一样的形状（上）。

122

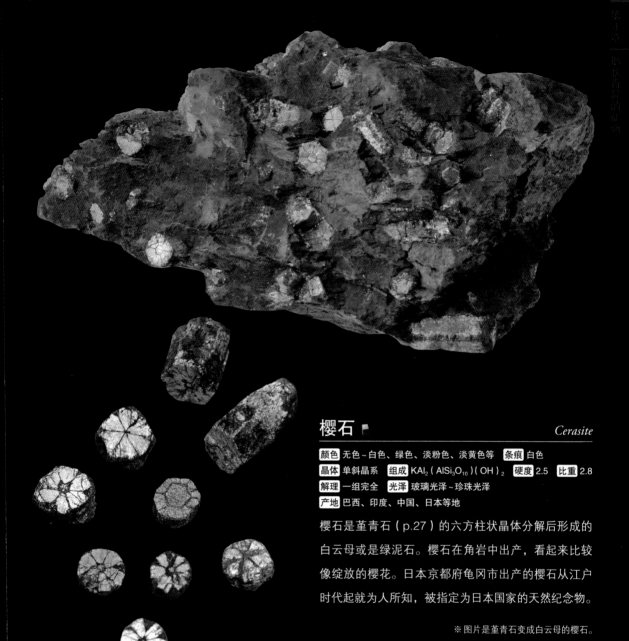

## 樱石 *Cerasite*

| | | | | |
|---|---|---|---|---|
| **颜色** 无色~白色、绿色、淡粉色、淡黄色等 | | | **条痕** 白色 | |
| **晶体** 单斜晶系 | **组成** $KAl_2(AlSi_3O_{10})(OH)_2$ | **硬度** 2.5 | **比重** 2.8 | |
| **解理** 一组完全 | **光泽** 玻璃光泽~珍珠光泽 | | | |
| **产地** 巴西、印度、中国、日本等地 | | | | |

樱石是堇青石（p.27）的六方柱状晶体分解后形成的
白云母或是绿泥石。樱石在角岩中出产，看起来比较
像绽放的樱花。日本京都府龟冈市出产的樱石从江户
时代起就为人所知，被指定为日本国家的天然纪念物。

※图片是堇青石变成白云母的樱石。

## 菊花石

| | | | |
|---|---|---|---|
| **颜色** 无色~白色、灰色、黄色、粉色等 | | **条痕** 白色 | |
| **晶体** 三方晶系 | **组成** $CaCO_3$ | **硬度** 3 | **比重** 2.7 |
| **解理** 三组完全 | **光泽** 玻璃光泽 | **产地** 世界各地 | |

火山岩形成的围岩中点缀着菊花形状的晶体。
在火山岩中生长的放射状霰石，多被置换成
方解石或其他矿物。除了有白色、蓝色外，
还有紫色、黄色等。由于晶体形状呈菊花状，
因此得名菊花石。

※菊花石的名字是在日本的俗称，因此此矿石无英文名。

# 银星石

*Wavellite*

**颜色** 无色、黄绿色、黄色　**条痕** 白色　**晶体** 斜方晶系
**组成** $Al_3(PO_4)_2(OH,F)_3 \cdot 5H_2O$　**硬度** 3.5~4　**比重** 2.4
**解理** 二组完全　**光泽** 玻璃光泽、珍珠光泽　**产地** 美国、英国等地

铝的含水磷酸盐矿物。在低温状态下形成晶体，作为次生矿物产于铝含量丰富的变质岩、沉积岩中，也产于低温的热液矿床中。针状晶体呈放射状集结，有时看起来像绽放在天空的烟花，除此之外还有钟乳状、薄膜状。银星石的颜色多为无色或白色，也有黄绿色、蓝色、褐色的晶体。黄色的银星石的放射状晶体仿佛夜空中闪烁的星辰，因此被称为银星石。

葡萄状的银星石。纤维状晶体呈放射状聚集在一起。

菊花状的银星石。是一种十分容易上色的矿物，美国出产的黄绿色银星石遍布各大市场，而在日本采摘到的银星石大多为白色或无色的。

# 顽火辉石 ▦

**颜色** 淡黄色~绿褐色 **条痕** 灰色 **晶体** 斜方晶系 **组成** $Mg_2Si_2O_6$ **硬度** 5~6
**比重** 3.2~3.6 **解理** 二组完全 **光泽** 玻璃光泽 **产地** 加拿大、芬兰等地

斜方辉石类中含镁较多的一种辉石。从超基性到基性火成岩、广
域变质岩、接触变质岩中产出，陨石中也可看到顽火辉石。多与
普通辉石及橄榄石等共生。晶体为短柱状、板柱状、纤维状、叶
片状，此外还有针状晶体呈放射状聚集的情况。颜色多为无色、
淡黄色、绿色，随着含铁量的逐渐增多，顽火辉石会变成暗褐色
的"铁辉石"。顽火辉石和铁辉石会形成固溶体，过去曾将成分位
于两者之间的矿物细分为古铜辉石、紫苏辉石、铁紫苏辉石、易
熔石（尤莱辉石，含铁量不断上升）。

柱状顽火辉石晶体。
具有优良的耐火性。

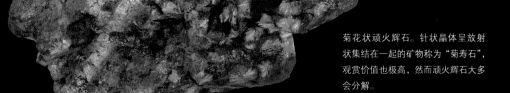

菊花状顽火辉石。针状晶体呈放射
状集结在一起的矿物称为"菊寿石"，
观赏价值也极高，然而顽火辉石大多
会分解。

# 沸石类①

沸石类指的是主要由铝、钠、钙等元素构成，含有结晶水的90多种硅酸盐矿物。沸石的英文名为zeolite，取自希腊语中"沸腾的石头"，沸石类即使失去水分后晶体结构也不会被破坏。在玄武岩、安山岩等火山岩的缝隙中，或是在热液脉、热液变质岩、沉积岩中产出。

## 中沸石 ▬                                 *Mesolite*

**颜色** 白色、粉色 **条痕** 白色 **晶体** 斜方晶系 **组成** $Na_2Ca_2Al_6Si_9O_{30} \cdot 8H_2O$
**硬度** 5 **比重** 2.3 **解理** 二组完全 **光泽** 玻璃光泽、丝绸光泽
**产地** 印度、美国、日本等地

中沸石的主要成分一半为钠的阳离子，另一半为钙。这样的化学组成位于钠沸石和钙沸石之间，因此得名中沸石。中沸石多从玄武岩中产出，而不是产于硅酸成分较多的岩石中。中沸石颜色为无色到白色，形状为直方柱状晶体，末端为四个三角形平面，呈放射状集结，和钠沸石、钙沸石在外表上十分相似，肉眼基本无法辨别。

白色部分为中沸石。

## 辉沸石 ▬                                *Stilbite*

**颜色** 白色、粉色、黄色、褐色 **条痕** 白色
**晶体** 单斜晶系 **组成** $(Ca_{0.5},Na,K)_9Al_9Si_{27}O_{72} \cdot 28H_2O$
**硬度** 3.5~4 **比重** 2.2 **解理** 一组完全
**光泽** 玻璃光泽~珍珠光泽 **产地** 除日本外的世界各地

拥有玻璃光泽或是珍珠光泽的无色、白色、粉红色硅酸盐矿物。晶体为薄薄的直方体或是棋子状。根据晶体中铝和硅的配置可形成蝴蝶结形，或是稻束一样的扇形集合体晶体。辉沸石产于伟晶花岗岩、安山岩、玄武岩、凝灰岩、火成岩、热液矿脉中。并且可以根据晶体中所含哪种阳离子最多来进行细分。例如含钙最多的辉沸石标记为Stilbite-Ca。

稻束状的辉沸石晶体。

## 方沸石

*Analcime*

**颜色** 白色、无色、淡黄色、淡蓝色　**条痕** 白色　**晶体** 等轴晶系
**组成** $NaAlSi_2O_6 \cdot H_2O$　**硬度** 5~5.5　**比重** 2.3　**解理** 无
**光泽** 玻璃光泽　**产地** 除日本外的世界各地

以钠为主要成分的沸石。具有玻璃光泽，多为无色或白色，
也有粉红色、黄色、绿色晶体。晶体形状与石榴石等相似，
多为四角三八面体，在稀有条件下会形成接近骰子形状的
立方体。方沸石多在安山岩、玄武岩、凝灰岩等的缝隙中
和其他种类的沸石、鱼眼石等一起产出，加热或是摩擦后
会产生微弱的静电。

## 汤河原沸石 *Yugawaralite*

**颜色** 无色~白色、淡粉色　**条痕** 白色　**晶体** 单斜晶系
**组成** $CaAl_2Si_6O_{16} \cdot 4H_2O$　**硬度** 4.5　**比重** 2.2　**解理** 无
**光泽** 玻璃光泽　**产地** 日本等地

主要成分为钙，是硅酸成分丰富的沸石，由于最早
在日本神奈川县的汤河原温泉处发现，因此取名为
汤河原沸石。汤河原沸石具有较强的玻璃光泽，多
为无色或白色，有时也会形成淡粉色偏平的六方板
状晶体的晶簇。汤河原沸石产于热液变质的安山岩
或是热液矿脉中，具有较强的耐酸性。

## 片沸石 *Heulandite*

**颜色** 无色~白色、淡粉色、淡黄色、红褐色等
**条痕** 白色　**晶体** 单斜晶系
**组成** $(Na,K,Ca_{0.5})_9Al_9Si_{27}O_{72} \cdot 24H_2O$　**硬度** 3.5~4
**比重** 2.1~2.3　**解理** 一组完全
**光泽** 玻璃光泽~珍珠光泽　**产地** 除日本外的世界各地

片沸石是一种含有钙、钠、钾、锶、钡
等各种阳离子的沸石，可以细分为很多
种类。片沸石晶体为细长六方板状，颜
色有无色、白色、粉色、淡绿色，解理
面有强烈的珍珠光泽。在伟晶花岗岩、
热液矿脉、玄武岩等处和其他沸石、方
解石等一起出产。

六方板状晶体的片沸石。

# 沸石类②

沸石含有水分，铝置换了一部分硅后形成沸石。在这里我们主要介绍一下含有较多钠的钠沸石、形成菱体面晶体的菱沸石、水分蒸发后会白浊化的浊沸石、呈微细晶体状的斜发沸石、纤维状晶体呈毛状集结的丝光沸石等特征性较强的沸石。

## 钠沸石　*Natrolite*

| | | | |
|---|---|---|---|
| **颜色** 无色~白色、淡粉色、黄色、褐色等 | **条痕** 白色 |
| **晶体** 斜方晶系 | **组成** $Na_2Al_2Si_3O_{10} \cdot 2H_2O$ | **硬度** 5~5.5 |
| **比重** 2.2 | **解理** 二组完全 | **光泽** 玻璃光泽~丝绸光泽 |
| **产地** 除日本外的世界各地 | | | |

以钠为主要成分的沸石，纤细的四方柱状晶体多呈放射状集结在一起。此外还有针状、纤维状、块状、粒状。颜色为无色、白色、黄色、粉色等。在玄武岩、蛇纹岩、片麻岩、花岗岩中和方沸石、鱼眼石、葡萄石等一起出产。

## 菱沸石　*Chabazite*

| | | | |
|---|---|---|---|
| **颜色** 无色~白色、淡粉色、淡黄色、红褐色等 | **条痕** 白色 |
| **晶体** 三斜晶系 | **组成** $(Ca,Na_2,K_2)_2(Al_4Si_8O_{24}) \cdot 12H_2O$ |
| **硬度** 3~5 | **比重** 2.0~2.2 | **解理** 无 | **光泽** 玻璃光泽 |
| **产地** 除日本外的世界各地 | | | |

菱沸石晶体多呈接近立方体的菱面体，也有块状和粒状的晶体，有时还会形成算盘珠一样的双晶。多数菱沸石具有玻璃光泽且无色透明，有时也会带有一些粉色、黄色、红褐色。菱沸石在伟晶花岗岩、火山岩、深成岩、变质岩、凝灰岩中，和其他沸石一起出产。晶体中的阳离子有钙、钠、钾、锶，可根据含量最多的元素进行具体种类的细分。

# 浊沸石 　　　　　　　　　　*Laumontite*

**颜色** 无色、白色、淡粉色、淡黄色　**条痕** 白色　**晶体** 单斜晶系
**组成** ( Ca$_4$Al$_8$Si$_{16}$O$_{48}$ )・18H$_2$O　**硬度** 3~4　**比重** 2.3
**解理** 三组完全　**光泽** 玻璃光泽　**产地** 除日本外的世界各地

浊沸石是主要成分为钙、具有玻璃光泽的沸石，晶体
的端点处呈斜切的四方柱状，颜色为无色、白色、淡
粉色。在干燥的空气中矿体会失去水分且白浊化，最
终变成粉末状，因此含有浊沸石的岩石比较容易崩
坏。浊沸石在变质安山岩的缝隙中和方解石及其他沸
石一起出产。

# 斜发沸石 　　　　　　　　*Clinoptilolite*

**颜色** 无色、白色　**条痕** 白色　**晶体** 单斜晶系　**组成**
( Ca$_{0.5}$,Na,K )$_6$Al$_6$Si$_{30}$O$_{72}$・~20H$_2$O　**硬度** 3.5~4　**比重** 2.1~2.2
**解理** 一组完全　**光泽** 玻璃光泽、珍珠光泽、土质光泽
**产地** 除日本外的世界各地

和片沸石具有相同的组成成分，但比片沸石所含的
硅酸更多。一般为无色或白色具有玻璃光泽。晶体
为微细的板状，要放到电子显微镜下才能看到。由
火山玻璃变质后形成，与丝光沸石同样是微细晶体
集合体。沸石岩可用于制作除臭剂、干燥剂、净水
剂等。

# 丝光沸石 　　　　　　　　　　*Mordenite*

**颜色** 无色~白色、淡粉色、黄色、红色等　**条痕** 白色　**晶体** 斜方晶系
**组成** ( Na$_2$,Ca,K$_2$ )$_4$Al$_8$Si$_{40}$O$_{96}$・28H$_2$O　**硬度** 4　**比重** 2.1
**解理** 一组完全，一组清楚　**光泽** 玻璃光泽~丝绸光泽　**产地** 加拿大、日本等地

主要成分为钠、钙、钾等的沸石。具有玻璃或是丝绸光泽，
颜色从无色到淡粉色、黄色、红色等。丝光沸石的针状或纤
维状晶体呈放射状或是棕垫状集合，主要在安山岩、英安岩、
流纹岩的气孔中呈毛状集合在一起。丝光沸石多与片沸石、
辉沸石等一起出产，和斜发沸石同样都是构成沸石岩的矿物。

# 霰石

*Aragonite*

| 颜色 无色、白色、淡蓝色、褐色等 | 条痕 白色 | 晶体 斜方晶系 | 组成 $CaCO_3$ |

| 硬度 3.5~4 | 比重 2.9 | 解理 一组清楚 | 光泽 玻璃光泽 | 产地 西班牙、捷克、日本等地 |

由碳酸钙构成的矿物，和化学组成成分相同的方解石是同素异形体。霰石在自然界中不稳定，常转变为方解石，因此霰石产量不如方解石。霰石产于高压变质岩、沉积岩、温泉沉淀物等处，晶体主要为柱状，也有3个柱状晶体一起形成双晶的六方柱状晶体。此外，石如其名，也有如霰般细小的粒状晶体，还有被称为"山珊瑚"的如珊瑚一般的集合体，以及纤维状等各种各样的晶体集结形态。霰石和方解石可根据解理、产出状态、晶体形状等进行判别。

六方柱状双晶集结成松果状的霰石。

霰石的粒状晶体。由于形状与霰（小冰粒）相似，因此被称为霰石。

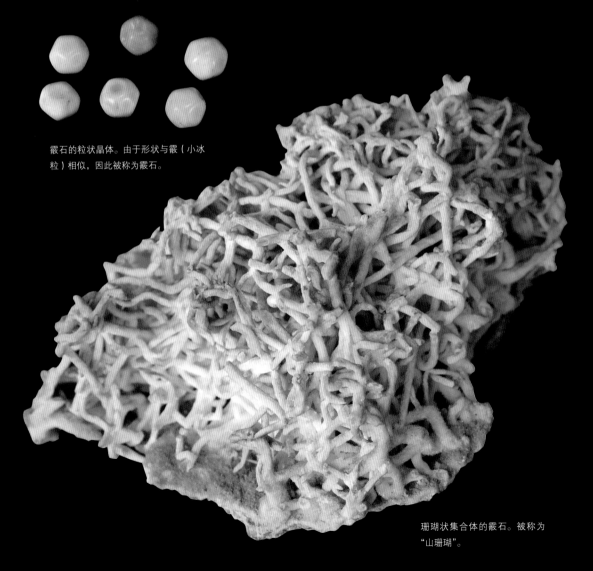

珊瑚状集合体的霰石。被称为"山珊瑚"。

在蛇纹岩裂缝中形成的霰石针
状晶体的集合体。

霰石的六方厚板状双晶集结成球体状。

# 水硅钙石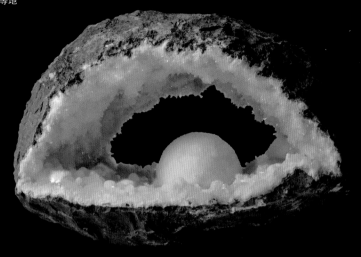

*Okenite*

**颜色** 无色、白色、淡黄色、淡蓝色　**条痕** 白色　**晶体** 三斜晶系　**组成** $Ca_5Si_9O_{23} \cdot 9H_2O$　**硬度** 4.5~5　**比重** 2.2~2.4
**解理** 一组完全　**光泽** 珍珠光泽　**产地** 印度、丹麦等地

钙的含水硅酸盐矿物。除了有产于火山岩晶洞中之外，也有极少的一部分产于接触交代矿床或是碳酸盐矿床中，与沸石、鱼眼石、方解石、石英等共生。水硅钙石纤细的纤维状晶体呈放射状延伸，外观呈球形丝绵状。纤维状的透闪石等矿石坚硬得有点扎手，但水硅钙石的触感十分柔软。

玄武岩晶洞中生长的水硅钙石。晶体为丝绵状，因此又被称为"兔子的尾巴"。

球状集合体的水硅钙石。

# 十字石

**颜色** 褐色、红褐色　**条痕** 灰色　**晶体** 单斜晶系
**组成** ( Fe,Mg,Zn ) $_2$Al$_9$ ( Si,Al ) $_4$O$_{22}$ ( OH ) $_2$　**硬度** 7.5　**比重** 3.7~3.8
**解理** 一组清楚　**光泽** 玻璃光泽　**产地** 美国、俄罗斯、巴西等地

由铁、铝、硅酸构成的矿物。在铝含量丰富的结晶片岩、片
麻岩等广域变质岩中和白云母、石英、蓝晶石、刚玉、铁铝
榴石等一起产出。扁平的六方柱状晶体通过形成双晶变成十
字形。除了呈直角状的十字形外，还有夹角六十度的X形。
日本出产的矿石多为X形，十字形的矿体十分稀少。颜色为
略带红色的褐色或是黑褐色。具有多色性，根据观赏角度不
同，色调可呈现无色、红色、黄色、金黄色等。

十字石的单晶体。由于其十
字架一样的形状，曾在欧洲
深得基督教徒的喜爱。

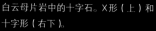

白云母片岩中的十字石。X形（上）和
十字形（右下）。

# 斧石

*Axinite*

**颜色** 灰色~灰褐色、紫褐色、粉色、紫色、蓝色、橙黄色等　**条痕** 白色、灰色　**晶体** 三斜晶系
**组成** $(Ca,Fe,Mn,Mg)_3Al_2BSi_4O_{15}(OH)$　**硬度** 6.5~7　**比重** 3.2~3.4　**解理** 一组清楚
**光泽** 玻璃光泽　**产地** 俄罗斯、墨西哥、美国等地

主要成分为钙、铁、锰、镁的硼硅酸盐矿物。斧石准确来说
不是矿物名，而是矿物族的名字。这类矿物都含有钙，可根
据所含铁、锰、镁的比率分为四类。含铁量多的称为"铁斧
石"，含锰量较多的称为"锰斧石"，含镁量较多的是"镁
斧石"，比锰斧石含锰量更多且含钙量更少的称为"廷斧石
（Tinzenite）"。单叫斧石时多指铁斧石或是锰斧石。产于绿岩、
矽卡岩、变质锰矿床、伟晶岩中，晶体多呈利斧形状的板状。
具有多色性，透明度较高、光泽较强的斧石可作宝石。

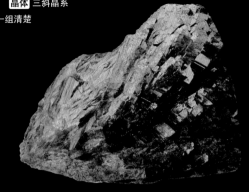

斧石晶体。可看出矿体呈锋利的斧刃状。

矽卡岩的缝隙中可看到斧
石晶体。

# 钠锂大隅石（舒俱来石）

**颜色** 黄绿色、紫色　**条痕** 白色　**晶体** 六方晶系
**组成** $KNa_2(Fe,Mn,Al)_2Li_3Si_{12}O_{30}$　**硬度** 5.5~6.5　**比重** 2.7~2.8
**解理** 无　**光泽** 玻璃光泽　**产地** 日本、南非等地

含钾、钠、锂等的硅酸盐矿物。舒俱来石最初在日本爱媛县的岩城岛被发现，人们发现了几毫米大小的粒状淡黄褐色新矿物，在闪长岩中和霓石、钠硅灰石等一起出产。之后人们又在南非的变质层状锰矿床中发现了大块的紫色晶体。当时人们并未将二者当成同一种矿物，但从化学组成上可知紫色晶体也是舒俱来石。舒俱来石主要呈细密的块状、粒状、柱状出产。呈紫色的原因在于矿体内含锰。紫色晶体作为宝石进口到日本后，他们才发现爱媛县的锰矿山也曾产出过同样的紫色舒俱来石。

霓石闪长岩中的舒俱来石（草绿色斑点状的部分）。黑色部分为霓石，白色部分主要是长石。

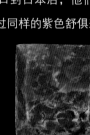

研磨后的舒俱来石。透明度较高的宝石被称为"皇家舒俱来石"。

紫色舒俱来石。亮紫色舒俱来石产于南非。

# 葡萄石

*Prehnite*

**颜色** 无色~淡绿色　**条痕** 白色　**晶体** 斜方晶系、单斜晶系　**组成** Ca₂Al
( AlSi₃O₁₀ ) ( OH )₂　**硬度** 6~6.5　**比重** 2.9
**解理** 一组完全　**光泽** 玻璃光泽~珍珠光泽
**产地** 美国、印度、日本等地

以钙和铝为主要成分的含水硅酸盐矿物，产于玄武岩、
安山岩的缝隙中，或是接触交代矿床、低温低压的变
质岩、伟晶花岗岩中，与硅铁灰石、绿纤石、钠长石、
绿帘石、菱沸石、方解石等共生。葡萄石晶体为短柱
状或板状的自形晶体，也有的放射状晶体集结后形成
葡萄状，因此得名葡萄石。晶体为半透明状，光泽略
暗淡，颜色除了有无色、白色外，还有的晶体因一部
分铝被置换成铁而呈淡绿色。

半透明的晶体集合体。

葡萄石晶簇。因和葡萄相似得名葡
萄石。

# 红硅钙锰矿

**颜色** 粉色 **条痕** 白色 **晶体** 三斜晶系
**组成** $Ca_2Mn_7Si_{10}O_{28}(OH)_2 \cdot 5H_2O$ **硬度** 6 **比重** 3.0
**解理** 一组清楚 **光泽** 玻璃光泽 **产地** 日本、澳大利亚等地

含锰和钙的硅酸盐矿物，产于热液金银矿床和变质锰矿床中，多与菱锰矿、蔷薇辉石、锰钙辉石等锰矿物及石英共生。晶体除了呈柱状、针状外，还有纤维状晶体的集合体。新鲜的红硅钙锰矿呈粉色，置于空气中后会被氧化成褐色，再逐渐变为黑色。红硅钙锰石的粉色和肉色相近，且其多以纤维状集合体晶体出产，因此其英文名在希腊语中有"肉色纤维"之意。

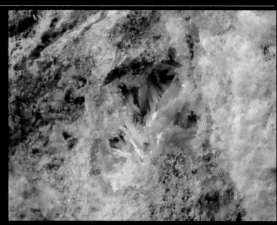

缝隙中的红硅钙锰矿晶体（下）和放大后的图片（上）。

脉状发达的红硅钙锰矿针状晶簇。

# 方石英

**颜色** 无色~白色、淡黄色、淡灰色 **条痕** 白色 **晶体** 四方晶系 **组成** $SiO_2$ **硬度** 6.5 **比重** 2.3 **解理** 无 **光泽** 玻璃光泽 **产地** 世界各地

方石英和石英、鳞石英是化学组成相同但晶体结构不同的同素异形体。在火山岩及其缝隙中的高温环境下生成二氧化硅后形成方石英，也有一部分从低温热液中生成。在压力不是十分高的低温状态下，石英、高温型石英、鳞石英、方石英较稳定。方石英的晶体多为娇小的八面体、块状或是针状晶体呈放射状聚集，在流纹岩或是黑曜岩中则呈球状。晶体有透明至半透明状的乳白色玻璃光泽，极少情况下还会有略带蓝色或是黄色的情况。

黑曜岩和方石英的产出状态（左）以及黑曜岩中的方石英（右）。白色球状集合体干裂后呈现出花一般的纹路。

流纹岩中的方石英（照片中间）。

# 车轮矿 ▥

| 颜色 铜灰色 | 条痕 灰黑色 | 晶体 斜方晶系 | 组成 CuPbSbS$_3$ | 硬度 2.5~3 | 比重 5.8 |

解理 无　光泽 金属光泽　产地 墨西哥、玻利维亚、中国等地

主要成分为铅、铜、锑的硫化矿物。在低温到中温热液矿床、矽卡岩矿床中，和方铅矿、黝铜矿、闪锌矿、黄铁矿、黄铜矿、菱铁矿等一起产出，但车轮矿十分稀少，晶体散发着钢灰色或是黑色的金属光泽，形状为柱状或是板状，柱面纵纹发达。常有双晶不断连接形成齿轮状矿体，因此得名车轮矿。车轮矿呈块状时极难与其他矿物进行甄别。

车轮矿齿轮状的双晶，凹凸不平。

矽卡岩矿床中的空隙里看到的车轮矿晶簇。

# 散发异味的矿物

外表美丽的矿物会散发出强烈的异味，例如用锤子击打臭葱石或是加热砷铅矿后它们会散发出刺鼻的大蒜味。此外向闪锌矿或是日光榴石浇盐酸后，矿体会散发着鸡蛋腐烂一样的异味，然后溶解。据观察会散发出大蒜一般异味的矿物多含砷，而散发出腐坏鸡蛋异味的则是硫化矿物特有的特点，闪锌矿、日光榴石和盐酸发生反应后生成的硫化氢是产生异味的原因。

## 臭葱石　　　　　　　　　　*Scordite*

颜色 黄色、褐色　条痕 白色　晶体 斜方晶系
组成 $FeAsO_4 \cdot 2H_2O$　硬度 3.5~4　比重 3.3　解理 无
光泽 玻璃光泽~半金刚光泽
产地 美国、巴西、德国、日本等地

由毒砂或是斜方砷铁矿分解后形成的次生矿物。常见于矿床的氧化带或是热液矿床矿脉中，也有作为温泉沉淀物出产的情况。除了呈块状、钟乳状外，有时也会形成八面体柱状晶体。矿体呈通透的淡绿色，具有较强的玻璃光泽。名字来源于希腊语中具有"大蒜味"之意的skorodion。

## 砷铅矿　　　　　　　　　　*Mimetite*

颜色 黄色、褐色　条痕 白色　晶体 六方晶系
组成 $Pb_5(AsO_4)_3Cl$　硬度 3.5~4　比重 7.3　解理 无
光泽 树脂光泽　产地 澳大利亚、纳米比亚、英国、日本等地

砷铅矿是铅的砷酸盐矿物，属于磷灰石族，是产于铅矿床氧化带中的次生矿物，与磷氯铅矿、白铅矿、方铅矿、硫酸盐矿等共生。颜色为黄色或褐色，晶体形状为六方柱状或是板状，也有的呈葡萄状集合体。因砷铅矿和磷氯铅矿十分相似，因此英文名取自希腊语"赝品"。砷铅矿中，砷酸根置换成磷酸根后就变成了磷氯铅矿。

# 第 5 章

# 色泽奇异的矿物

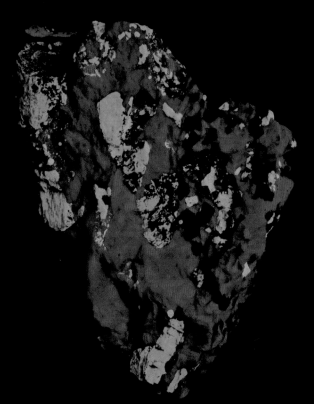

# 萤石

*Fluorite*

| 颜色 无色、紫色、粉色、绿色等 | 条痕 白色 | 晶体 等轴晶系 | 组成 $CaF_2$ | 硬度 4 | 比重 3.2 |

| 解理 四组完全 | 光泽 玻璃光泽 | 产地 美国、英国、中国、日本等地 |

由钙和氟构成的卤族矿物。在热液矿脉、接触交代矿床、伟晶花岗岩等处，和石英、黄玉、方解石、黄铁矿、绿泥石等一起出产。晶体为立方体、八面体、菱形十二面体等，八面体形状的晶体具有十分完整的解理面，人工加以调整后可做成漂亮的八面体晶体。紫外线照射或是加热后会发出荧光，紫外线照射发光的晶体十分稀少，萤石在加热过程中容易崩裂开，需要小心注意。

萤石的八面体晶体。由于晶体结构的缺陷或是所含的微量稀土元素，萤石可呈蓝色、绿色、紫色、桃色、黄色等，色调五彩缤纷。

萤石的立方体晶体。强烈加热后会散发出蓝白色的光，因此得名萤石。部分萤石照射紫外线后也会发光。

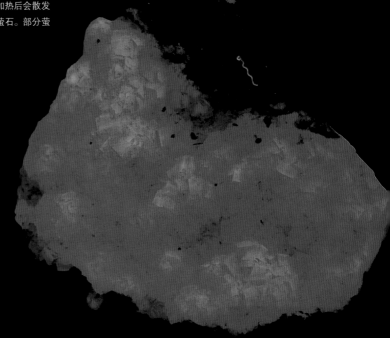

# 白钨矿

| 颜色 | 无色~黄褐色 | 条痕 | 白色 | 晶体 | 四方晶系 | 组成 | $CaWO_4$ | 硬度 | 4.5~5 | 比重 | 6.1 |
|---|---|---|---|---|---|---|---|---|---|---|---|

| 解理 | 四组清楚 | 光泽 | 玻璃光泽~金刚光泽 | 产地 | 韩国、中国、日本等地 |
|---|---|---|---|---|---|

钨矿石的一种重要的矿石矿物（→p.91）。在高温热液矿床、接触交代矿床、伟晶岩中，和钨铁矿、锡石、石英、石榴石、符山石等一起出产。颜色为无色、白色、灰黄色、褐色等。有时一部分钨会置换成钼。白钨矿外观和石英类似，经短波紫外线照射后，可发出蓝白色的荧光，可据此判别。

围岩上的白钨矿晶体。照射紫外线时矿体内含有的钼越多，发出的荧光所带有的黄色就越强。

上图矿石经紫外线照射后白钨矿部分会发出蓝白色的光（下）。

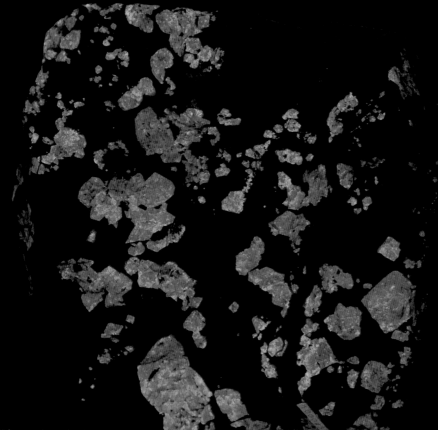

# 硅锌矿

**颜色** 淡绿色、无色　**条痕** 白色　**晶体** 三方晶系　**组成** $Zn_2SiO_4$　**硬度** 5~5.5　**比重** 4.1
**解理** 一组良好　**光泽** 玻璃光泽、树脂光泽　**产地** 美国、澳大利亚等地

锌的硅酸盐矿物，在锌矿床氧化带或是含锌变质岩中，和异极矿、菱锌矿、锌铁尖晶石等一起出产。颜色为无色、淡绿色~淡黄色、褐色等，形状明确的晶体较少见，多呈块状，经紫外线照射后多会发出鲜绿色的荧光，但也有不发光的晶体（澳大利亚出产）。硅锌矿发光的原因在于矿体内微量的锰。含锰晶体的荧光比其他矿物要强，停止照射紫外线后，荧光也可持续一段时间，这种光称为磷光。

在正常光线下看到的硅锌矿（上）和紫外线照射下的硅锌矿（下）。发出绿色荧光的部分为硅锌矿，发出红色荧光的部分为含锰方解石。

# 方钠石

**颜色** 无色、淡黄色、蓝色、粉色、紫色 **条痕** 白色 **晶体** 等轴晶系 **组成** $Na_8Al_6Si_6O_{24}Cl_2$
**硬度** 5.5~6 **比重** 2.1~2.3 **解理** 无 **光泽** 玻璃光泽
**产地** 加拿大、巴西、纳米比亚、意大利、挪威等地

以钠和铝为主要成分的硅酸盐矿物。产于二氧化硅贫乏的火成岩或是受到接触变质作用的石灰岩中，多呈块状出产，晶体形状明显的晶体较少。方钠石是构成青金石的一种矿物，矿体呈蓝色的原因在于含有少量硫。成分中的氯置换成硫后，呈紫色的矿物被称为"紫方钠石"，将其照射紫外线后会发出强烈的红橙色荧光。

方钠石。蓝色的方钠石较多，照射紫外线后也不会发光。

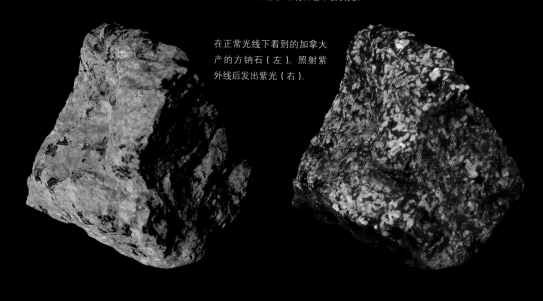

在正常光线下看到的加拿大产的方钠石（左）。照射紫外线后发出紫光（右）。

正常光线下看到的紫方钠石（左）。照射紫外线后发出红橙色的光（右）。

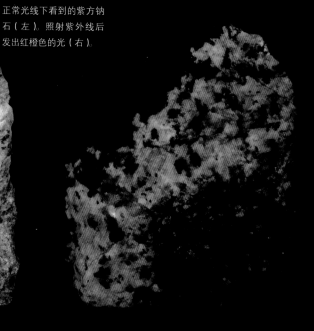

# 水砷锌矿

*Adamite*

| **颜色** 黄色、淡绿色、淡粉色 | **条痕** 白色 | **晶体** 斜方晶系 | **组成** Zn$_2$（AsO$_4$）（OH） |
| **硬度** 3.5 | **比重** 4.4 | **解理** 一组良好 | **光泽** 玻璃光泽 | **产地** 墨西哥、纳米比亚等地 |

锌的含水砷酸盐矿物。在锌和砷含量丰富的金属矿床氧化带中作为次生矿物出产，与褐铁矿、臭葱石、砷铅矿、异极矿等共生。晶体除了呈柱状、板状外还有球状、花瓣状、放射状集合体等。黄色的水砷锌矿较多，在紫外线照射下会发出黄绿色的荧光。此外含铜矿体呈绿色，含钴矿体呈紫色，这些所含元素会妨碍矿体散发荧光，因此这些矿体经紫外线照射也不会发光。此外，水砷锌矿不耐热，极易熔解。

绿色水砷锌矿。被称为"含铜水砷锌矿"，不会发出荧光。

一般光线下的水砷锌矿（上）。经紫外线照射后发出黄绿色荧光（下）。墨西哥产的水砷锌矿因荧光较强而闻名。

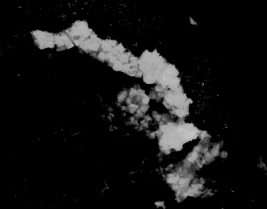

# 方解石

*Calcite*

**颜色** 无色~白色、灰色、黄色、粉红色等　**条痕** 白色　**晶体** 三方晶系
**组成** $CaCO_3$　**硬度** 3　**比重** 2.7　**解理** 三组完全
**光泽** 玻璃光泽　**产地** 世界各地

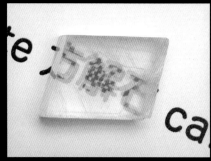

由碳酸钙构成的矿物，和化学组成相同的霰石是同素异形体。产于热液矿脉、火成岩、变质岩、沉积岩等几乎所有的岩石中。方解石的晶体形态变化多样。方解石的透明晶体因具有显著的双折射效果而闻名。等轴晶系以外的矿物均具有双折射的特性，而方解石的该特性尤为显著。根据所含的杂质不同，方解石在紫外线照射下可发出红色、蓝色、紫色等不同的荧光。

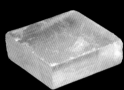

双折射效果下看到的重影的文字（上），方解石的解理片常被喻为被压坏的火柴盒。（右）

方解石的葡萄状集合体（上）。照射紫外线后因矿体内含有锰而发出红色荧光。（右）。

# 钠硼解石

*Ulexite*

**颜色** 无色、白色　**条痕** 白色　**晶体** 三斜晶系　**组成** $NaCaB_5O_6(OH)_6 \cdot 5H_2O$
**硬度** 2.5　**比重** 2.0　**解理** 一组完全　**光泽** 玻璃光泽、丝绸光泽
**产地** 美国、土耳其等地

钠硼解石是沙漠等处的湖中含水硼酸盐沉淀后形成的矿物，在美国的加利福尼亚州呈纤维状产出，呈平行方向集结而成。将钠硼解石按其纤维垂直的方向切断后，研磨上下两面，放置于写有文字的纸上后，文字看起来仿佛浮于石头表面一般，这是因为纤维状晶体具有良好的透光性，和玻璃效果相同。因其表面可以浮现出文字，钠硼解石又有"电视石"这一俗称。

钠硼解石的透光效果。将切成板状的纤维状晶体置于印刷品上后，文字及图画便会浮于晶体表面。

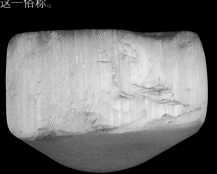

钠硼解石的断面。纤维状晶体集结成束。

# 拉长石

**颜色** 红色、白色等 **条痕** 白色 **晶体** 三斜晶系 **组成** $(Ca,Na)(Si,Al)_4O_8$

**硬度** 6~6.5 **比重** 2.7 **解理** 二组完全 **光泽** 玻璃光泽

**产地** 加拿大、芬兰等地

隶属于长石类的拉长石具有被称为"拉长晕彩"的彩虹一样的干
涉色。这是由于拉长石内部成分不同的两个薄层相互交叠，层与
层之间产生光，发出彩虹一样的光泽。

散发出彩虹般晕彩的拉长石。没有
这种效果的拉长石是没有价值的。

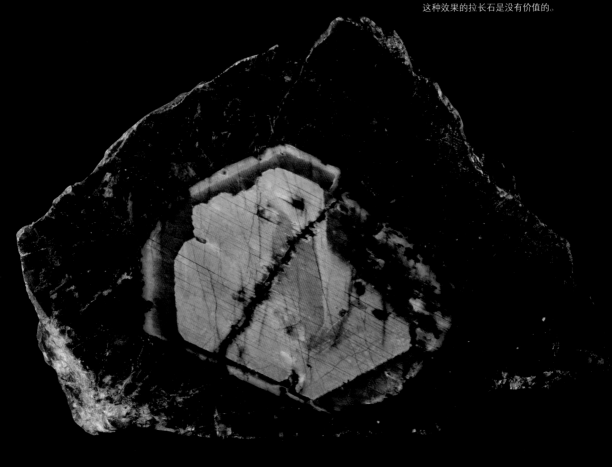

具有拉长晕彩效果的拉长石（上）。根据光源位
置不同，也可能不会出现拉长晕彩（左）。

辰砂

| 颜色 | 深红色、红褐色 | 条痕 | 红色 | 晶体 | 三方晶系 | 组成 | HgS | 硬度 | 2~2.5 | 比重 | 8.2 |

| 解理 | 三组清楚 | 光泽 | 金刚光泽、半金属光泽 | 产地 | 美国、西班牙、日本、中国等地 |

汞的硫化矿物，产于低温热液矿床或是锰矿床中。形状为菱面体晶体或者是菱面体双晶晶体，也有的呈块状或是皮膜状出产。辰砂是汞的硫化矿物，因为汞具有毒性，现在已不再使用。古时称其为"朱"或是"丹"，将其作为珍贵的长生灵药或是朱色颜料。

辰砂浸入围岩的切断面。辰砂曾用于颜料。

块状辰砂。由于呈芋头状出产，因此俗称为"芋辰砂"。

辰砂的菱面晶体。在中国古代的炼丹术中，辰砂是炼制长生不老的灵药时的重要材料。

# 孔雀石 *Malachite*

**颜色** 绿色 **条痕** 绿色 **晶体** 单斜晶系 **组成** $Cu_2(CO_3)(OH)_2$ **硬度** 3.5~4 **比重** 4.0
**解理** 一组完全 **光泽** 金刚光泽～丝绸光泽、土质光泽 **产地** 刚果、摩洛哥、俄罗斯等地

孔雀石是在铜矿床氧化带中溶于水的黄铜矿与二氧化碳反应后生成的，有时与自然铜还有蓝铜矿共生。孔雀石晶体形状清楚的情况比较稀少，多呈葡萄状、针状、放射状、毛状等形状出产。孔雀石的花纹取决于晶体颗粒的大小，呈绿色或是暗绿色，晶体是同心圆结构。因花纹和孔雀羽毛相似而得名孔雀石。孔雀石可作为矿物绿色颜料"绿青"进行使用。

绿色颜料。

打磨后的孔雀石。绿色和暗绿色浓淡相间的花纹十分美丽，漂亮的块状孔雀石经研磨后可作为宝石使用。

块状孔雀石。英文名Malachite，起源于希腊语中与其颜色相近的锦葵。

将葡萄串状的晶体（上）切割研磨后可以看到如孔雀羽毛一般的同心圆花纹（下）。

孔雀石横切面，又被称为"孔雀绿"，在古埃及被用作眼影。

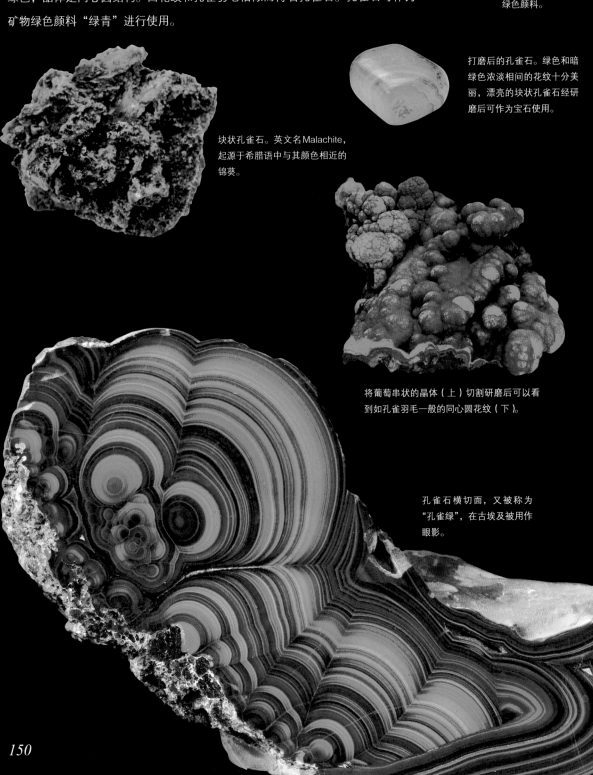

# 蓝铜矿

*Azurite*

**颜色** 蓝色　**条痕** 蓝色　**晶体** 单斜晶系　**组成** $Cu_3(CO_3)_2(OH)_2$　**硬度** 3.5~4　**比重** 3.8
**解理** 一组完全　**光泽** 玻璃光泽、土质光泽　**产地** 美国、摩洛哥、中国等地

蓝铜矿是铜矿物与含碳酸离子的水反应后生成的次生矿物。蓝铜矿的晶体为板状或柱状的自形晶体、放射状晶簇、钟乳状等，基本上与褐铁矿或是孔雀石等一起出产。随后水分不断增多碳酸逐渐减少变质成孔雀石。这种情况下蓝铜矿从表面到内部会变成完全的孔雀石，看起来仿佛是孔雀石晶体。其具有特征性的蓝青色被用于日本画颜料中的"群青"。

群青色颜料。是一种用来表达深沉又具有通透性的天空的颜色。

英文名azurite源于波斯语中的"蓝色"。

和孔雀石一起出产的蓝铜矿。孔雀石更为稳定一些，蓝铜矿所制的蓝色颜料有时会变成绿蓝色。

## 雌黄 *Orpiment*

**颜色** 黄色、橙色　**条痕** 黄色　**晶体** 单斜晶系　**组成** $As_2S_3$　**硬度** 1.5~2　**比重** 3.5
**解理** 一组完全　**光泽** 树脂光泽　**产地** 美国、中国、俄罗斯、秘鲁等地

砷的一种硫化矿物。产于低温热液矿床、火山喷气带中，有时也发现于温泉沉淀物。多呈块状、土状、皮膜状，与石英、雄黄、辉锑矿、锑雌黄（Wakabayashilite）等共生。晶体具有树脂光泽，形状为柱状或是板状，如云母一般可剥离成薄片状，较柔软，解理片呈透明的金色，过段时间后会因为光化学反应失去表面的透明感。自古以来中国将雄黄用作红色颜料，而将雌黄用于黄色颜料。

雌黄和雄黄一起出产的
情况较多。

黄色颜料。明亮的
蛋黄色。

雌黄较大的解理片。还可以制
成与雌黄组成相同的人工颜料。

## 雄黄 *Realgar*

**颜色** 红色、橙色　**条痕** 橙色　**晶体** 单斜晶系
**组成** $As_4S_4$　**硬度** 1.5~2　**比重** 3.6　**解理** 一组清楚
**光泽** 树脂光泽~油脂光泽
**产地** 美国、瑞士、法国、马其顿地区等地

和雌黄一样，也是砷的一种硫化物。经热液作用后生成，作为火山喷气孔中的升华矿物或者温泉沉淀物出产。雄黄的晶体为块状或是柱状晶体的集合体，带有橙色或是红色。雄黄曾一直作为红色颜料使用，但因带有毒性，现在基本不再被使用。不耐光和湿气，易变色。

红色颜料。鸡冠一样
的红色。

# 褐铁矿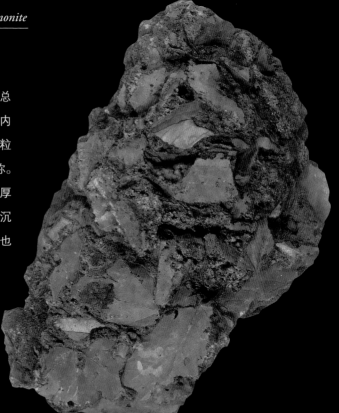

*Limonite*

**颜色** 黄褐色~红褐色　**条痕** 黄茶色　**晶体** 斜方晶系
**组成** FeOOH　**硬度** 5~5.5　**比重** 4.3　**解理** 一组完全
**光泽** 土质光泽　**产地** 世界各地

铁类矿物经风化作用后形成的氢氧化铁类矿物的总称，主要是针铁矿的土状微粒子集结后形成的，内部也会含有针铁矿的同素异形体矿物和别的矿物粒子。褐铁矿不是一种矿物名，而是一类矿石的名称。多产于沼泽地或是温泉沉淀物中。在沉淀堆积的厚厚的温泉沉淀物中作为铁矿石被挖掘出来。如果沉积在植物根茎周围处便会形成麦秆状的褐铁矿，也可用于黄褐色颜料。

# 赤铁矿

*Hematite*

**颜色** 红色、黑色　**条痕** 红色~红褐色　**晶体** 三方晶系　**组成** $Fe_2O_3$
**硬度** 5~6　**比重** 5.3　**解理** 无　**光泽** 金属光泽、土质光泽
**产地** 澳大利亚、乌克兰、意大利等地

赤铁矿和磁铁矿都是铁的重要资源矿物，产于热液矿脉、接触交代矿床、火成岩中，有时也会作为含铁矿物氧化带中的次生矿物出产。粉末状赤铁矿颜色如血，作为颜料称为"赭"。英文名hematite来源于其横切面遇光或是碾成粉末状后红色会变得很明显，取自希腊语中"鲜血"之意。

血红色的颜料，称之为赭色。

# 展馆简介

在这里我们想介绍下收藏、展示了许多矿物标本并且对本书的编写给予了很大帮助的主要展馆。世界上大部分的矿物标本在日本全国各地的博物馆、科技馆均可以找到，请到网上自行查阅。另外和这些设施并设的店铺每年会数次在全国各地开展销会，人们可以在这些会场还有专卖店中购买矿物。

工作人员正在解说。在有的展馆机构里人们可以听到关于矿物的详细解说并且可以与矿石亲密接触。（日本奇石博物馆）

附设的店铺。无论是价格低廉的小矿石还是价格昂贵的贵重宝石都可以买到。（日本山梨宝石博物馆）

## 日本秋田大学国际资源学院附属矿业博物馆

秋田县自古以来就深受大自然的恩泽，矿产资源十分丰富。此馆以矿物标本为主，展示了很多岩石、宝石、化石等标本。此外这里也会介绍采矿技术、特别企划和特别展览以及大学最新的研究成果等。

## 日本产业技术综合研究所地质标本馆

日本唯一的地质学专业博物馆，大约分4类介绍了地质调查的研究成果，并介绍矿物、岩石、化石等。此馆不单解说地质标本的知识，还会通俗地介绍地球的历史、与地质相关的人物以及与地球科学息息相关的知识。

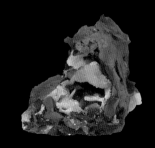

## 日本群马县立自然史博物馆

以地球和栖居于地球之上的生命轨迹为主题介绍地球环境和群马县的自然环境。在这里我们可以欣赏群马县出产的矿物及超过一吨的铁陨石。在收集了世界各地的动物、植物、矿物标本的"达尔文之屋"中，人们可以带着寻宝一样的心情去观赏标本。

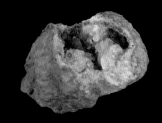

# 日本国立科学博物馆

以"人类与自然的共存"为主题，用丰富的标本资料解说日本列岛的发展史。馆内陈列了日本大师级系统收藏家樱井钦一博士所收藏的16000件藏品。

# 日本 Fossa Magna Museum

该博物馆是拥有5亿年地质历史的日本丝鱼川世界地质公园的核心设施，展示翡翠等世界各地的贵重矿物、岩石及化石等。时隔二十年的大翻新预计又会给博物馆增添许多新的矿物和化石。

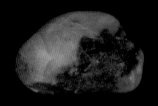

※上述记载为翻新之前的记录，实际情况有变动。2014年9月8日~2015年3月上旬馆内全面翻新。

# 日本山梨宝石博物馆

珠宝饰品出货量占日本市场第一位的山梨县建造的综合宝石博物馆。馆内陈列着从世界各地收集的贵重宝石约500种3000件。其中有高度约为180cm的巨大水晶以及各种稀世的矿石原石。

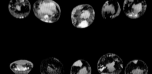

# 日本奇石博物馆

馆内收集了奇石、宝石、化石、岩石、陨石等千奇百怪的石头，收藏的17000件标本中有大约1800件是平时展出的。周末及节假日时在其附属的"宝石探险设施"内可以寻找40种宝石并将其带回家。

# 日本中津川市矿物博物馆

建于伟晶岩的主要产地日本"苗木地区"的博物馆。日常展览分为7个主题，以"长岛矿物收藏"为首，介绍许多种矿物和中津川市周边地质情况。其中极具人气的项目为在砂子中寻找小水晶，人们可以带走1块找到的水晶。

※数据为2014年7月的记录。各个设施的信息可能会有变更。

# 名词解释

在这里我们将对文中经常出现的主要名词进行解说。关于主要矿床及矿床的分类，晶系、光泽、硬度、比重、解理，请参照p.6~13。

## B

〖　　　　〗从不同方向观赏宝石，会看见彩虹一般的色彩变化的现象。蛋白石就有此特性。原因是呈微细球状的二氧化硅有规律地聚集在一起，干涉了光的折射。

〖　　　　〗在日光灯、荧光灯、白炽灯等不同的光源下，矿物显示不同颜色的现象。变石（→p.20）的变色效果十分有名，它有两种颜色的波长，在不同光源下会显示波长较强的那种颜色。

## C

〖　　　　〗受到风化等变质作用的影响，矿物的化学成分或者结构改变，变成另一种矿物。在这种情况下，称原来的矿物为原生矿物，变化的矿物为次生矿物。

## F

〖　　　　　〗钒酸根和阳离子形成的矿物。代表性的矿物有钒铅矿（→p.82）等。

〖　　　　〗具有规则的原子排列顺序的称为晶质（晶体），原子排列无序的称为非晶质。蛋白石（→p.44）等为非晶质矿物。

## G

〖　　　　　〗铬酸根和阳离子结合后的矿物。金红石（→p.26、p.81）为其代表性矿物。

## H

〖火成岩〗地下岩浆经冷却凝固后形成的岩石。可分为在地表附近骤然冷却形成的火山岩和地下深处慢慢冷却凝固的深成岩。

〖火山岩〗岩浆在地表或者地表附近骤然冷却凝固后形成的岩石，由被称为基质的细小粒状和玻璃质部分还有被称为斑晶的大晶体构成，这样的构造称为斑状组织。

## J

〖　　　〗矿物结晶面上的平行线。晶体生长时形成的多个细微结晶面。

〖　　　〗只留下原来的晶形，但在晶体内部已形成别的晶体结构或者被其他矿物所置换。代表性的矿物为堇青石被置换成白云母或是绿泥石的樱石（→p.123）。

## K

〖　　〗产于矿床中，含有较多有价值的元素或是矿物等的岩石。另外矿石矿物指的是构成某类矿石的有价值矿物。

## M

〖　　　　〗宝石内部一个方向排列的纤维状组织（杂质）将光反射到内部，在宝石表面形成白色光线条的现象。将宝石切割成弧线形后，在针状方向和其垂直方向会出现线条。由于形状极像猫眼，因此得名"猫眼效应"。

〖　　　　〗钼酸根和阳离子构成的矿物。代表性的矿物有钼铅矿（→p.86）等。

## P

〖　　　　〗主要由硼酸根构成的矿物。无色或白色的矿物较多。钠硼解石（→p.147）为其代表。

## S

〖　　　　〗砷酸根和阳离子构成的矿物。水砷锌矿（→p.146）等为其代表性矿物。钒酸盐矿物、磷酸盐矿物、砷酸盐矿物中有许多矿物拥有相同的晶体结构。

〖　　　〗岩浆在地下深处经缓慢冷却凝固后形成的岩石。多为同样大小的矿物颗粒聚集后形成的，这样的构造称为等粒状组织。

〖双晶（晶体）〗同种晶体形成的一种集合体。2个以上的晶体共有结晶面或是结晶轴并有规则地进行结合。

〖　　　　〗许多结晶质物质有将通过内部的光折射率变成两种不同的折射率的性质。如折射率有较大的差异，晶体下的文字会出现重影的情况。方解石（→p.147）因此十分有名。

## W

〖　　　　〗由钨酸盐和阳离子构成的矿物。代表性的矿物有白钨矿（→p.91、p.143）、钨铁矿（→p.91）、钨锰矿（→p.91）等。

## X

〖　　　　〗原子序号为21的钪元素和序号为39的钇元素，以及原子序号57~71的镧系元素的总称。又被称为"稀土元素"，相互间性质相似，和其他元素相比性质较特殊。产量十分稀少，但并不是稀有元素。

〖　　　　〗宝石内部按3个方向排列的针状组织（杂质）将光反射到内部，在宝石表面形成星形白色光线的现象。金红石（→p.26,p.81）是经常看到的针状矿物。这种效果又称为星彩效果。

## Y

〖　　　〗指拉长金属时，即使超过恢复到原来状态的性质（弹性）的界限也不会使结构遭到破坏的性质。金、银、铂、铜、铝等延展性较好。

〖　　　　〗晶体两端形状不同的矿物。异极矿（→p.120）为其主要代表，常见于电气石类（→p.22）矿物中。异极晶有加热加压后略带静电的特质。

〖　　　〗照射紫外线等能量较高的光波会发出黄绿色、蓝色或是红色的荧光。这是因为矿石吸收了眼睛看不见的能量将其转换成眼睛可视的光线。有时矿物会因为自身含有的不纯物质而引发荧光现象。

## Z

〖　　　　〗给金属增加压力后能够不破坏其结构伸展为片状的特性。金、银、锡、铝等展性丰富。

一般认为太阳形成后的46亿年左右，气体和尘埃聚集形成微行星，这些微行星不断发生碰撞或是合并，才形成了以地球为首的各个行星。在地球内部，现在还因为高热的地幔运动导致构成地球表面的板块不断移动，再加上岩浆的热量和火山活动的影响，使矿物不断生成。可以说我们人类正是在不断利用这些矿物的过程中才构筑了今日的文明。在这层意义上，我们是否可以说矿物是"地球赠与人类的礼物"呢？

　　不管我们自己是否意识到，在日常生活中，我们无时无刻不在接触这些"礼物"。以矿物为原料的铁、铜等金属，高科技产业所必须的素材，还有陶器、瓷器、玻璃等制品。另外色泽奇异、光彩琉璃的宝石饰物既是财富的象征，又可以让我们身心愉悦，达到治愈我们的效果。

　　许多矿物初看可能只是一块平凡无奇的石头，但如果将其放在手心仔细凝视，我相信无论是谁都会被大自然的"鬼斧神工"所感动而深陷其中。德国的大文豪歌德也是其中之一。歌德曾作为魏玛公国顾问官视察矿山，以此为契机发表了许多学术论文。他的热情感动了其作为矿物学家的友人，歌德的名字后来成了针铁矿的英文名。

　　本书将主要的矿物按用途进行分类，不仅介绍基础知识和相关信息，更是十分重视突出矿物自身的美感。我真诚地希望读者可以通过本书了解到矿物在人类历史进程中所发挥的重大作用，同时也希望读者们能够终身爱读此类书。

前日本国立科学博物馆地质学研究部长

松原聪

TITLE：［鉱物・宝石大図鑑］

BY：[松原　聰]

Copyright © SEIBIDO SHUPPAN, 2014

Original Japanese language edition published by SEIBIDO SHUPPAN Co., Ltd.

All rights reserved. No part of this book may be reproduced in any form without the written permission of the publisher.

Chinese translation rights arranged with SEIBIDO SHUPPAN Co., Ltd., Tokyo through NIPPAN IPS Co., Ltd.

本书由日本成美堂出版株式会社授权北京书中缘图书有限公司出品并由煤炭工业出版社在中国范围内独家出版本书中文简体字版本。

著作权合同登记号：01-2017-2682

## 图书在版编目（CIP）数据

矿物宝石大图鉴 / （日）松原聪著；张思维译
. -- 北京：煤炭工业出版社，2018（2023.12 重印）
　　ISBN 978-7-5020-6177-7

　　Ⅰ . ①矿… Ⅱ . ①松… ②张… Ⅲ . ①宝石 - 图集
Ⅳ . ① P578-64

中国版本图书馆 CIP 数据核字（2017）第 247553 号

## 矿物宝石大图鉴

| | | | | |
|---|---|---|---|---|
| 著　　　者 | （日）松原聪 | 译　　者 | 张思维 |
| 策划制作 | 北京书锦缘咨询有限公司 | | |
| 总 策 划 | 陈　庆 | 策　　划 | 肖文静 |
| 责任编辑 | 马明仁 | 特约编辑 | 郭浩亮 |
| 设计制作 | 王　青 | 审　　校 | 舒　童 |

出版发行　煤炭工业出版社（北京市朝阳区芍药居 35 号　100029）
电　　话　010-84657898（总编室）　010-84657880（读者服务部）
网　　址　www.cciph.com.cn
印　　刷　北京利丰雅高长城印刷有限公司
经　　销　全国新华书店

开　　本　787mm×1092mm$^1/_{16}$　印张　10　字数　150　千字
版　　次　2018 年 1 月第 1 版　2023 年 12 月第 9 次印刷
社内编号　9057　　　　　　　定价　65.00 元